电力行业紧急救护技能

培训教材

国家电网公司职业病防治院
广东电网有限责任公司办公室
广东电网有限责任公司综合服务中心   组编
广东电网有限责任公司广州供电局培训与评价中心
广州市健安应急职业培训有限公司

中国电力出版社
CHINA ELECTRIC POWER PRESS

图书在版编目（CIP）数据

电力行业紧急救护技能培训教材／广州市健安应急职业培训有限公司等组编. —北京：
中国电力出版社，2021.6
ISBN 978-7-5198-4973-3

Ⅰ．①电…　Ⅱ．①广…　Ⅲ．①电力工业—工伤事故—急救—基本知识　Ⅳ．①TM08
②R459.7

中国版本图书馆CIP数据核字（2020）第178273号

出版发行：中国电力出版社
地　　　址：北京市东城区北京站西街19号（邮政编码100005）
网　　　址：http://www.cepp.sgcc.com.cn
责任编辑：刘红强　周天琦（010-63412520）
责任校对：黄　蓓　于　维
版式设计：锋尚设计
责任印制：钱兴根

印　　　刷：北京瑞禾彩色印刷有限公司
版　　　次：2021年6月第一版
印　　　次：2021年6月北京第一次印刷
开　　　本：787毫米×1092毫米　16开本
印　　　张：12.25
字　　　数：254千字
定　　　价：85.00元

编委会

主　　编　刘　超　宣逸群　商明伟
副主编　蒋龙元　余　涛　张明刚
编写人员　宋依依　钟云莺　胡美华　林燕清　谢思诗
　　　　　王琳晶　张可宜　严若华　雷思敏　唐绍辉
　　　　　刘智勇　郑维佳　毛丽娴　周毅恒　胡　佳
　　　　　张力元　宋子健

前　言

电力是保障国民经济发展和人民生活水平提高的重要基础。职工健康安全关系到企业的生存、发展和稳定。党中央、国务院高度重视，国家领导人多次就电力安全工作做出重要批示，要求采取多种措施，确保电力系统安全和电网安全稳定运行。

十九大报告中指出，要树立安全发展理念，弘扬生命至上、安全第一的思想，健全公共安全体系，完善安全生产责任制，坚决遏制重特大安全事故，提升防灾减灾救灾能力。对电力企业职工的现场应急救护能力培训是电力系统安全体系的重要组成部分。事故现场的应急救护技能培训是电力行业安全生产管理的重要内容，是为广大职工构筑的第一道生命防线。在灾难、事故、急症发生的现场，在专业医疗急救人员抵达之前，使用科学的自救互救技能可以在有限的时间内挽回生命，减少伤残，为专业救治赢得时间。

本教材可定位作为《电力行业紧急救护技术规范》的配套培训教材。本书在确保科学性、权威性基础上，风格上以现场实际操作为主，图文并茂，内容涵盖电力行业现场应急救护知识与技能，重视可操作性。

希望本教材能在推动电力行业现场应急救护培训中发挥积极作用，帮助广大电力行业职工学习和掌握现场应急救护知识和技能。

由于编写时间有限，本书难免存在不足，望广大读者批评指正。

编　者

2020年8月

目　录

第一章
电力作业应急救护基础

第一节　电力应急救护原则及方法

⚡ **重点**　理解电力现场救护的重要性。

ⓘ **难点**　树立正确的现场急救观念。

一、概述

电力生产过程中涉及高危作业，一旦发生触电、创伤等意外事故，由于现场缺乏专业医护人员和设备，伤员往往因得不到及时有效救治而加重伤情。因此当现场突发意外伤害时，在专业医务人员到达前，现场第一目击者应遵循现场救护原则与方法，为伤员提供有效及时的现场救护措施，达到最大限度的挽救生命、减轻伤残、促进康复的目的，避免诸如触电伤员，因呼吸心跳停止超过4分钟、大脑发生不可逆损伤而出现神经功能损伤甚至死亡等的悲剧。

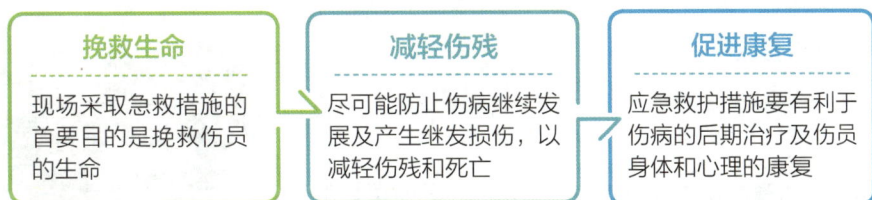

挽救生命	减轻伤残	促进康复
现场采取急救措施的首要目的是挽救伤员的生命	尽可能防止伤病继续发展及产生继发损伤，以减轻伤残和死亡	应急救护措施要有利于伤病的后期治疗及伤员身体和心理的康复

电力应急救护目的

二、应急救护的原则

（1）救护人员应保持镇定、理智的心态，评估现场、寻求帮助、就地取材，以科学的方法开展救护。

（2）意外事故现场如果存在不安全因素，救护人员不得贸然进入现场，必须在确保自身安全的前提下，利用有限的安全时间将伤员迅速转移至安全地点，再进行正确救护。

（3）在处理伤员时应坚持先救命、后治伤的原则，并尽量减轻伤员的痛苦。

（4）伤员伤情稳定后，救护人员在等待专业救援到来前或转运伤员途中应提供必要的心理支持。

三、现场救护的基本流程

（一）评估安全

在意外事故现场，救护人员通过眼看、耳听、鼻闻等方法评估现场可能存在的潜在危险，确定安全并做好自身防护后方可进入。

评估安全

（二）判断意识

采取"轻拍重喊"的方法，观察伤员是否有反应，并对伤员的意识障碍程度做出判断。意识丧失是生命垂危的主要表现。

- ↗ 嗜睡：伤员能唤醒，能用语言或动作做出反应；
- ↗ 昏睡：较强刺激能唤醒，若刺激停止则迅速进入睡眠状态；
- ↗ 浅昏迷：对声音、强光等刺激无反应，对疼痛等强刺激有运动反应；
- ↗ 深昏迷：对外界的各种刺激均无反应，生命体征常有改变。

"轻拍重喊"判断意识

（三）呼喊求助

如果伤员意识丧失，应立即寻求帮助，同时拨打急救电话。

拨打急救电话

常用紧急电话

120 医疗救援电话　　110 公安报警电话

119 火警电话　　　　122 交通事故报警电话

◇ **注意**　紧急电话接通后，一定要详细地回答接线员的问题，并保持通话线路通畅。

（四）检查呼吸

扫视伤员胸腹部是否起伏，若胸腹部无起伏或仅有叹息样呼吸，则判断呼吸停止或呼吸异常，判断时间控制在5~10秒。

呼吸的生理意义主要是排出组织细胞代谢过程中产生的二氧化碳，补充消耗的氧气。正常成人的呼吸频率为12~20次/分钟。

扫视伤员胸腹部检查呼吸

（五）检查脉搏

通过手指触摸伤员颈动脉（甲状软骨旁约2厘米处），判断时间控制在5~10秒，建议呼吸与脉搏同步评估。非专业人员无须掌握判断颈动脉搏动的方法。

脉搏生理学意义：氧气吸入肺内后，必须依靠血液的流动输送至各组织和器官，血液的流动必须依靠心脏"泵血"完成。

大脑血流量占全身的15%左右，耗氧量占全身20%~30%，是人体高耗氧的组织，对血氧需求及敏感度高。正常成人平静时脉搏60~100次/分钟。

检查创伤

（六）检查创伤

从伤员头面部、颈部、胸部、腹部、骨盆、脊柱四肢及肢体末端血液循环依次进行详细检查，判断有无伤口、骨折、触痛、肿胀等。

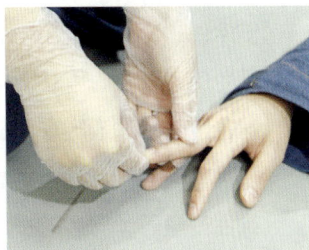
检查末端血液循环

（七）其他生命体征

正常成人体温：36.3~37.3摄氏度（口测法）。

正常成人血压：收缩压90~139毫米汞柱，舒张压60~89毫米汞柱。

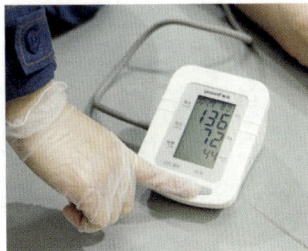
检查血压等生命体征

第二节　电力安全设施及公共场所安全标识

🔔 **重点**　熟悉安全设施标志的含义。

ⓘ **难点**　深刻认识各种安全标识的重要性。

一、概述

电力企业的生产活动场所，设备（设施）、检修施工等特定区域及其他有必要提醒人们注意危险的地点，应配置安全设施。

安全设施包括安全标志、设备标志、安全警示线、安全防护设施。安全设施的设置应清晰醒目、安全可靠、便于维护并适应使用环境；其安装也应符合安全要求。

（一）安全色

安全色是指传递安全信息含义的颜色，包括红、蓝、黄、绿色四种颜色。

红色传递禁止、停止、危险或提示消防设备、设施信息；

蓝色传递必须遵守规定的指令性信息；

黄色传递注意、警告信息；

绿色传递表示安全的提示性信息。

（二）对比色

对比色是指使安全色更加醒目的反衬色，包括黑、白色两种颜色。

黑色用于安全标志的文字、图形符号和警告标志的几何边框；

白色通常作为安全标志红、蓝、绿色安全色的背景色，也可用于安全标志的文字和图形符号及安全通道、交通的标线及铁路站台上的安全线等。

（三）安全标志

安全标志是指采用安全色和（或）对比色传递安全信息或使某个对象或地点变得醒目的标志，由图形符号、安全色、几何形状（边框）和文字构成。

安全标志能够提醒存在潜在危险，从而避免事故发生；当危险发生时，能指示人尽快逃离，或指示大家采取正确、有效、得力的措施，遏制危害。

二、各种安全标志设置相关要求

按照GB/T 2893.5—2020《图形符号安全色和安全标志 第5部分：安全标志使用原则与要求》的规定，我国警告标志有39个，禁止标志有40个，指令标志有16个，提示标志有8个。

（一）禁止标志

禁止标志是指禁止人们不安全行为的图形标志。

禁止标志牌的衬底牌为长方形，上方是禁止标志（带斜杠的圆边框），下方是文字辅助标志（矩形边框）。图形上、中、下间隙及左、右间隙分别相等。

禁止标志牌衬底色为白色；禁止标志中带斜杠的圆边框为红色、标志符号为黑色；辅助标志为红底白字，黑体字，字号根据标志牌尺寸、字数调整。

禁止标志牌的基本形式与标准色　　常见禁止标志牌

（二）警告标志

警告标志是指提醒人们对周围环境引起注意，以避免可能发生的危险的图形标志。

警告标志牌的衬底牌为长方形，上方是警告标志（正三角形边框），下方是文字辅助标志（矩形边框）。图形上、中、下间隙及左、右间隙分别相等。

警告标志牌衬底色为白色；警告标志中正三角形边框底色为黄色，边框及标志符号为黑色；辅助标志为白底黑字，黑体字，字号根据标志牌尺寸、字数调整。

警告标志牌的基本形式与标准色　　常见警告标志牌

（三）指令标志

指令标志是指强制人们必须做出某种动作或采用防范措施的图形标志。

指令标志牌的衬底牌为长方形，上方是指令标志（圆形边框），下方是文字辅助标志（矩形边框）。图形上、中、下间隙及左、右间隙分别相等。

指令标志牌衬底色为白色；指令标志中圆形边框底色为蓝色，标志符号为白色；辅助标志为蓝底白字，黑体字，字号根据标志牌尺寸、字数调整。

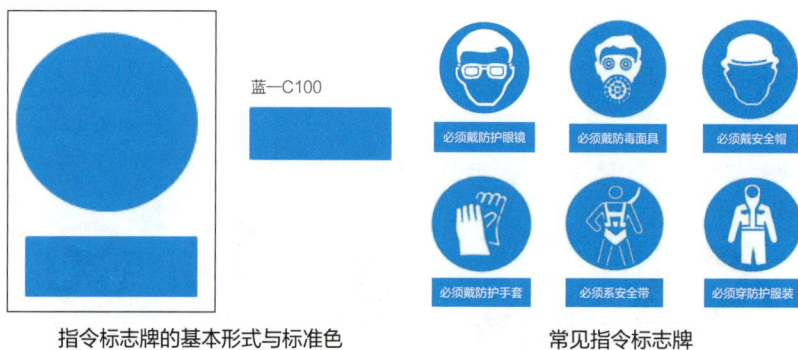

蓝—C100

| 必须戴防护眼镜 | 必须戴防毒面具 | 必须戴安全帽 |
| 必须戴防护手套 | 必须系安全带 | 必须穿防护服装 |

指令标志牌的基本形式与标准色　　常见指令标志牌

（四）提示标志

提示标志是指向人们提供某种信息（如标明安全设施或场所等）的图形标志。

提示标志牌的衬底牌为正方形，辅以相应文字，四周间隙相等。

提示标志牌衬底色为绿色，标志符号为白色，文字为黑色（白色）黑体字，字号根据标志牌尺寸、字数调整。

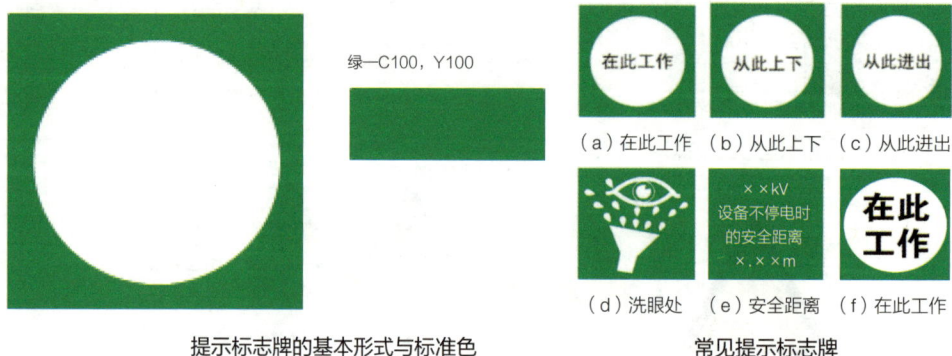

绿—C100，Y100

在此工作	从此上下	从此进出
（a）在此工作	（b）从此上下	（c）从此进出
洗眼处	××kV设备不停电时的安全距离 ×.××m	在此工作
（d）洗眼处	（e）安全距离	（f）在此工作

提示标志牌的基本形式与标准色　　常见提示标志牌

（五）道路交通标志

道路交通标志指用文字或符号传递引导、限制、警告或指示信息的道路设施。

　　电力作业场所根据需求，可设置道路交通标志，以确保作业车辆运行安全。常见的道路交通标志如限制高度标志、限制速度标志等。

限制高度标志示例　　　限制速度标志示例

　　（1）限制高度标志，表示禁止装载高度超过标志所示数值的车辆通行。

　　（2）限制速度标志，表示该标志至前方解除限制速度标志的路段内，机动车行驶速度不准超过标志所示数值（单位为千米/小时）。

（六）消防安全标志

　　生产场所应有逃生路线的标志，楼梯主要通道门上方或左（右）侧应装设紧急撤离提示标志。在重点防火部位入口处及储存易燃易爆物品仓库门口处应设置消防安全标志。

（a）火灾报警标志

（c）火灾疏散途径及方向辅助标志

（b）灭火设备标志

（d）紧急出口标志

（e）从此跨越标志

常见消防安全标志

（七）设备标志

设备标志是指由文字和（或）图形构成的用以标明设备名称、编号等特定信息的标志。

电气设备标志由设备名称和设备编号组成，要求标识应定义清晰且具有唯一性。一般采用标志牌的形式、标志文字内容应与电力机构下达的名称和编号相符。同时标志牌应配置在设备本体或附件醒目位置。

设备标志牌基本形式为长方形，衬底色为白色，边框、编号文字为红色（接地设备标志牌的边框、文字为黑色），采用反光黑体字。字号根据标志牌尺寸、字数适当调整。根据现场安装位置不同，可采用竖排的方式。

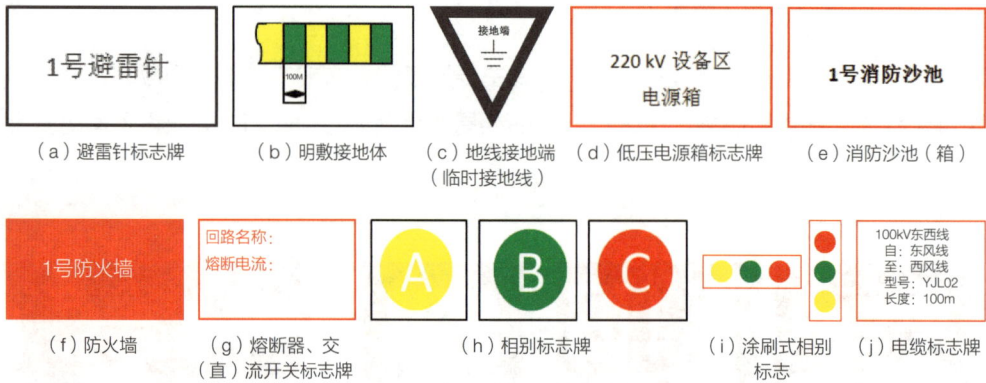

（a）避雷针标志牌　　（b）明敷接地体　　（c）地线接地端　　（d）低压电源箱标志牌　　（e）消防沙池（箱）
（临时接地线）

（f）防火墙　　（g）熔断器、交　　（h）相别标志牌　　（i）涂刷式相别　　（j）电缆标志牌
（直）流开关标志牌　　　　　　　　　　　标志

常见设备标志

（八）安全警示线

安全警示线是指界定危险区域、防止人身伤害及影响设备（设施）正常运行或使用的标志线。

安全警示线包括禁止阻塞线、减速提示线、安全警戒线、防止碰头线、防止绊跤线、防止踏空线和生产通道边缘警戒线等。一般采用黄色或与对比色（黑色）同时使用。

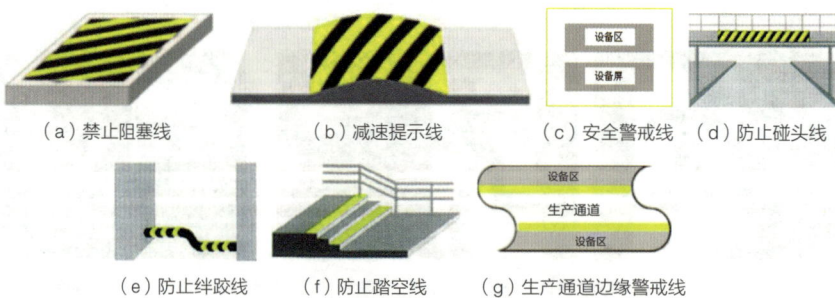

（a）禁止阻塞线　　（b）减速提示线　　（c）安全警戒线　　（d）防止碰头线

（e）防止绊跤线　　（f）防止踏空线　　（g）生产通道边缘警戒线

常用安全警示线

第三节　电力安全工器具及防护用品

💡 **重点**　掌握不同安全工器具的用途。

ⓘ **难点**　掌握防护用品的使用方法。

一、概述

在电力系统中，为了顺利完成任务而又不发生人身事故，工作人员必须携带和使用各种安全工器具。电力安全工器具是指预防触电、灼伤、坠落、摔跌等事故，保障工作人员人身安全的各种专用工具和器具。如对运行中的电气设备进行巡视、改变运行方式、检修试验时，需使用的一般防护用具；在带电的电气设备上或邻近带电设备的地方工作时，为了防止触电或被电弧灼伤，需使用的绝缘安全工器具等。

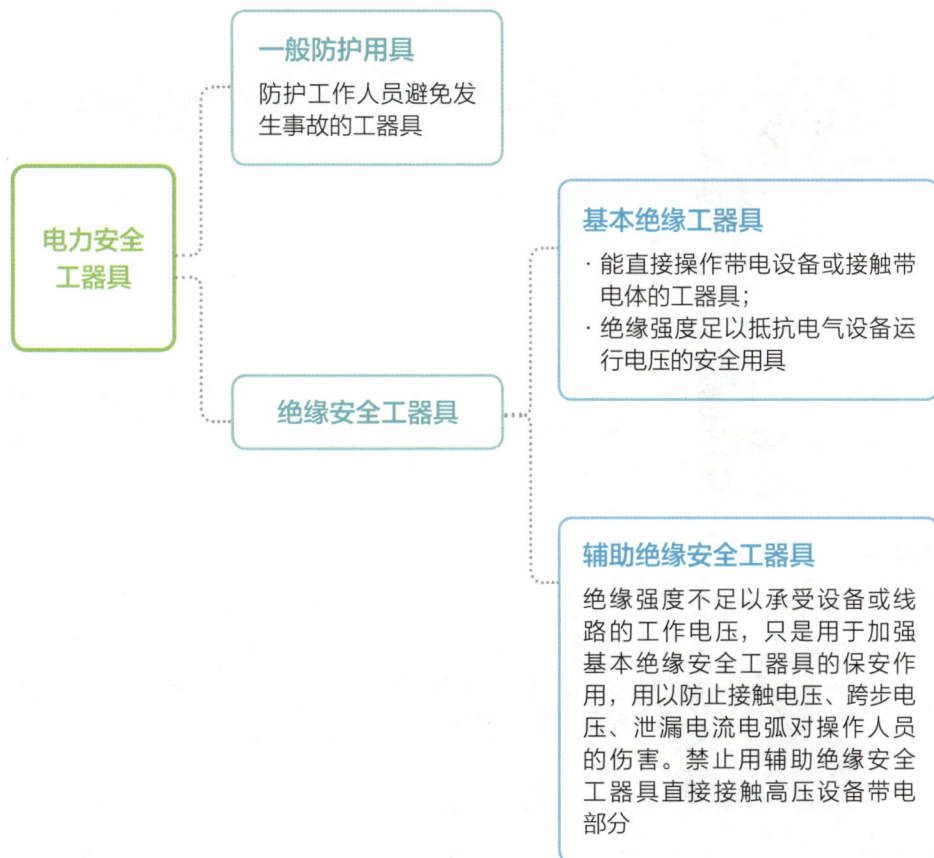

```
电力安全
工器具
 ├─ 一般防护用具
 │   防护工作人员避免发生事故的工器具
 │
 └─ 绝缘安全工器具
     ├─ 基本绝缘工器具
     │   ·能直接操作带电设备或接触带电体的工器具；
     │   ·绝缘强度足以抵抗电气设备运行电压的安全用具
     │
     └─ 辅助绝缘安全工器具
         绝缘强度不足以承受设备或线路的工作电压，只是用于加强基本绝缘安全工器具的保安作用，用以防止接触电压、跨步电压、泄漏电流电弧对操作人员的伤害。禁止用辅助绝缘安全工器具直接接触高压设备带电部分
```

二、常用安全工器具及个人安全防护用品

常用安全工器具及个人安全防护用品清单

分 类	名 称
绝缘安全工器具 	绝缘操作棒、验电器、绝缘杆、绝缘测量杆、放电棒、绝缘梯、绝缘夹钳、核相器、绝缘绳、绝缘罩、绝缘隔板、绝缘垫、绝缘台、绝缘凳、橡胶绝缘导线软管、绝缘防护管、绝缘剪线钳等
一般防护具 	安全措施标示牌、高处作业平台、检修防护架、高低凳、绝缘快装检修平台、升降板（登高板）、脚扣、升降梯、竹梯、软梯、飞车、下线爬梯、智能绝缘工具柜、安全工具柜、安全带试验拉力机、安全帽冲击试验机、测高仪、危险气体探测仪、SF$_6$气体检漏仪、氧量测试仪、风速仪、噪声仪、辐射剂量计、验电器信号发生器等
安全围栏（网） 	组合式护栏、绝缘隔离固定围栏、绝缘伸缩围栏、临时提示防护遮栏（小旗、带式）、围栏支架、地桩、安全警示带、安全围网等
个人防护用品 绝缘防护用品 	带电作业防护服、绝缘服、绝缘网衣、绝缘肩套、绝缘手套、绝缘鞋（靴）、带电作业皮革保护手套、绝缘安全帽等
坠落防护用品 	安全带、速差自控器、缓冲器、安全自锁器、抓绳器、高空防坠落装置、安全防护网、安全绳等

续表

分　类		名　称
个人防护用品	头部（眼耳口鼻）防护用品	头部防护用品：各种安全帽。 眼脸部防护用品：防护口罩、防电弧面罩、焊接面罩、防护眼镜、防护面屏等。 听力防护用品：各种防护耳塞。 呼吸防护用品：各种防毒面具、空气呼吸器等
	身体（躯干）防护用品	防电弧服、专业防护服（包括避火隔热、防化等）、反光标志工作服等
	手部防护用品	专业防护手套（防滑、防割、防冻、防化、耐高温等）
	足部防护用品	安全鞋、专业防护鞋等

三、电力安全工器具及个人安全防护用品的使用要求和方法

（1）电力作业相关单位应定期统一组织关于电力安全工器具使用方法的培训，凡是在工作中需要使用电力安全工器具的工作人员都必须定期接受培训。

（2）安全工器具使用前应进行外观检查。

（3）绝缘安全工器具使用前及使用后应擦拭干净。

（4）使用绝缘安全工器具时应戴绝缘手套。

（5）对安全工器具的机械、绝缘性能有疑问时，应进行试验，合格后方可使用。

（6）安全工器具应按照国家和行业标准及产品说明书要求进行存放和保管，放于合适的温度、湿度及通风条件处，与其他材料、设备设施应分开存放，并定期试验。

部分安全工器具使用注意事项

名称	使用方法及注意事项
安全帽	↗ 使用安全帽前应进行外观检查，安全帽的帽壳、帽箍、顶衬、下颚带、后扣等组件应完好无损，帽壳与顶衬缓冲空间应在25～50毫米。 ↗ 安全帽戴好后，应将后扣拧到合适位置，锁好下颚带，防止工作中前倾后仰或其他原因造成安全帽滑落。 ↗ 高压近电报警安全帽使用前应检查其音响部分是否良好，但不得作为无电的依据
安全带	↗ 检查安全带是否有破损。 ↗ 要在安全地点穿戴安全带。 ↗ 两人一组相互检查，确保织带没有缠绕，特别应注意腿部，且各部位确保牢固；互相检查扣环的安全性。 ↗ 穿戴安全带后自行检查： 首先稍微蹲下，腿带位于腹股沟（胯部）以下5厘米处，松紧程度以放下手掌为宜； 其次自我检查是否能伸手接触到后方的"D"环，后方"D"环应该放在脖子底部肩胛骨之间；腰带松紧程度以两侧同时放下手掌为宜，剩余部分要收紧
绝缘手套	↗ 进行设备验电、倒闸操作、装拆接地线等工作时应戴绝缘手套。 ↗ 使用前必须进行充气检验，如发现有任何破损，如破口（漏气）、气泡、发脆等损坏，则不能使用。 ↗ 使用绝缘手套时应将上衣袖口套入手套筒口内，以防发生意外。 ↗ 使用后，应将内外污物擦洗干净，待干燥后，撒上滑石粉放置平整，以防受压受损，切勿放于地上
脚扣	↗ 使用前应进行外观检查，包括：金属母材及焊缝无任何裂纹及可目测到的变形；橡胶防滑块（套）是否完好，有无破损；皮带是否完好，有无霉变、裂缝或严重变形；小爪是否连接牢固、活动灵活。 ↗ 正式登杆前在杆根处用力试登，判断脚扣是否有变形和损坏。 ↗ 登杆前应将脚扣登板的皮带系牢，登杆过程中应根据杆径粗细随时调整脚扣尺寸
绝缘杆	↗ 使用前，应检查绝缘杆的堵头，如发现破损，应禁止使用。 ↗ 使用时人体应与带电设备保持足够的安全距离，并注意防止绝缘杆被人体或设备短接，以保持有效的绝缘长度。 ↗ 雨天在户外操作电气设备时，操作杆的绝缘部分应有防雨罩。防雨罩上口应与绝缘部分紧密贴合，无渗漏现象

续表

名称	使用方法及注意事项
绝缘靴	↗ 使用前应检查，不得有缺陷，如裂纹、漏洞、气泡、毛刺、划痕等。如发现有以上缺陷，应立即停止使用并及时更换。 ↗ 使用时，应将裤管套入靴筒内，并要避免接触尖锐、高温、腐蚀性物体，防止绝缘靴受到损伤。 ↗ 严禁将绝缘靴挪作他用
梯子	↗ 梯子应放置稳固，梯脚要有防滑装置。 ↗ 使用前，应先进行试登，确认可靠后方可使用。有人员在梯子上工作时，梯子应有人扶持和监护。 ↗ 上下梯子应双手把持，双脚接触，并面向梯子，严禁越级跳下。在任何情况下都应确保与梯子有三个接触点——双脚单手或双手单脚。 ↗ 手持工具和材料时，禁止攀爬梯子。 ↗ 垂直固定梯子应安装安全护笼，安全护笼应从梯子基部以上2.5米处开始安装

第四节　电力伤害现场伤员洗消方法

☼ 重点　掌握伤员洗消方法及操作要点。

ⓘ 难点　了解现场洗消场所选定。

一、概述

自然或人为灾害事故现场存在污染物，如现场的血液、分泌物、排泄物、放射性物质等，可能会对伤者、救护人员造成危害。所以救护人员不仅要做自我保护，在条件许可时应对自己和伤员在现场做必要洗消处理。

污染物的危害程度取决于其物理状态、数量、释放方式及对人体的影响方式。

（1）人体接触气态或液态污染物可能会引起刺激或烧伤，固态物质则类似于药物作用于人体，可改变人体生理状态，如改变心率、血压、液体分泌等。

（2）气溶胶、蒸汽和气体比液体或固体污染物更快速影响伤员，但它们通常更容易从伤员身上去除，经常在伤员移动前会消散。

（3）液体污染物倾向于在它们接触皮肤的部位起作用并很难去除，大量液体污染的伤员对救护人员或接触者带来的风险更大。

（4）固体污染物的反应性要小得多，对皮肤危害较小。而可吸入颗粒物对呼吸系统危害较大，小于10微米的固体微粒（如二氧化硅或石棉）能够引起急性或慢性呼吸系统疾病。在伤员洗消前应当将粉末刷掉，避免将其弄湿引起化学反应。固体化学物质颗粒越小，越难去除。

（5）任何形态的放射性污染物对人体都会产生不易察觉的影响。

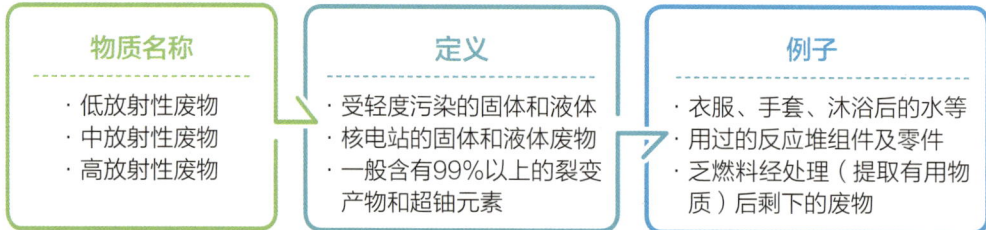

物质名称	定义	例子
· 低放射性废物 · 中放射性废物 · 高放射性废物	· 受轻度污染的固体和液体 · 核电站的固体和液体废物 · 一般含有99%以上的裂变产物和超铀元素	· 衣服、手套、沐浴后的水等 · 用过的反应堆组件及零件 · 乏燃料经处理（提取有用物质）后剩下的废物

放射性废物

（6）传染性物质可以通过各种方式得以传播，包括细菌、病毒、真菌、寄生虫在内的病原菌都可以引起人体感染，不同类型病原菌的传播方式不同，大多数病原菌主要通过直接或间接接触传播（如单纯疱疹病毒、呼吸道合胞病毒、金黄色葡萄球菌），某些病原菌通过飞沫（如流感病毒、百日咳杆菌）或空气（如结核分枝杆菌）传播。还有部分病原菌，如血源性病毒（乙肝和丙肝肝炎病毒、人类免疫缺陷病毒等），可通过血液方式传播。

（7）污染物质除直接伤害造成伤亡外，还存在造成二次污染的风险。对于核生化灾害医疗救护，最重要的责任之一是避免危害从受污染伤员传播到工作人员和其他伤员，即避免二次污染。

当选择二次污染的预防措施时，要考虑当前污染物类型和数量，以及安全执行任务所需防护装备的可用资源和类型。

二、伤员洗消

虽然在大规模人员污染事件中只有约20%人员会发生临床显著污染，但是所有污染区人员都需要评估及采取适宜形式的洗消。绝大多数伤员会自行前往医院而没有正式洗消。在大规模人员污染事件发生最初，无活动受限的伤员应自行到医院就诊，而后院前急救人员或其他人员将活动受限的伤员送到医院，而许多伤员虽由院前急救专业人员转运但仍未接受正式洗消。

非大规模人员污染事件，如仅一个工人被泄漏的化学物质污染，洗消通常由受过训练的急诊工作人员完成。

大规模人员污染事件的洗消要求更高，应由受过专业洗消训练的人员组成的团队进行。团队可由专职医务工作者及其他非医务工作者组成。当发生大规模人员污染事件有大量伤员需要洗消时，可以让非医务工作者主要执行洗消任务，从而让医务工作者对伤员进行检伤分类和急诊处理。单纯依靠医务工作者进行大规模人员污染的洗消会占用救治伤员的资源。未接受专业洗消培训的人员从事洗消任务有被污染的风险，因此注重洗消专业培训、针对不同数量伤员的洗消流程进行模拟演练，对于圆满完成大规模洗消任务十分重要。

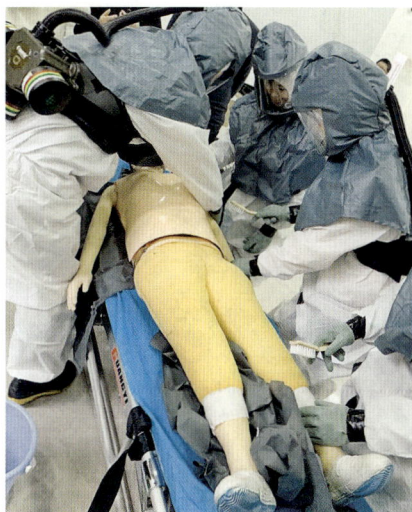

昏迷伤员洗消

进行洗消工作时，注意以下事项，可将传染物传播率降至最低：

（1）避免接触，尽可能避免与污染物直接接触；

（2）使用个人防护装备，穿隔离服保护自己；

（3）良好的技术，避免污染物在防护装备之间传播和扩散。

三、洗消流程

污染物性质及其传播途径如下。

📁 化学性物质污染物的传播途径

传播：从一种表面到另一种表面。如从伤员到工作人员。

扩散：污染物在同一表面扩散。如用污染的手接触清洁的脸。

吸附：吸收液体散发的蒸汽。如多孔物质中的化学成分释放气体。

蒸汽和气溶胶：通过空气传播。如通过伤员呼出污染气体传播。

📁 生物性物质污染物的传播途径

直接接触：通过伤员体液污染工作人员。如经黏膜或破损皮肤进入。

间接接触：通过受污染的中间物传播。如通过手或物体播散到另一个人。

飞沫：通过咳嗽、喷嚏或对话传播，危险距离可达1.8米。

空气传播：通过微滴或微粒远距离通过空气传播。

进行洗消处理时，应根据不同的污染物及其传播途径选择洗消措施，以阻断污染及传播。

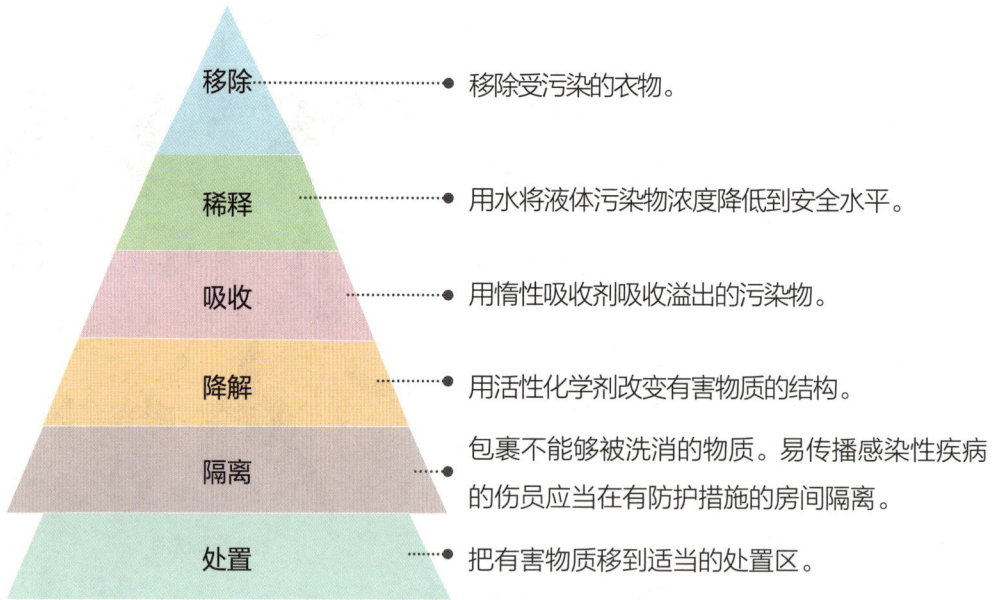

移除 ......●移除受污染的衣物。

稀释 ......●用水将液体污染物浓度降低到安全水平。

吸收 ......●用惰性吸收剂吸收溢出的污染物。

降解 ......●用活性化学剂改变有害物质的结构。

隔离 ......●包裹不能够被洗消的物质。易传播感染性疾病的伤员应当在有防护措施的房间隔离。

处置 ......●把有害物质移到适当的处置区。

四、洗消方法

医疗卫生机构内伤员洗消有两种基本方法。第一种方法称为干洗消法，即去除潜在或严重污染伤员的衣物，本书中简单地指脱去伤者被污染或残留有蒸汽的衣物。第二种方法称为湿洗消法，是指用去污剂和温水从头到脚冲洗严重污染和（或）有临床症状的伤员的洗消方法。

（一）干洗消法

干洗消法看起来很简单，却是减少危害传播的重要措施。研究表明，脱去伤员受灾时穿着的衣物可以去除绝大多数污染物。干洗消法适用于受气体或气溶胶、蒸气污染且只有轻微呼吸障碍的伤员，如伤员伴随明显皮肤或黏膜刺激或灼伤，即便仅受蒸汽污染仍需接受湿洗消法。

干洗消法虽可快速处理大量伤员，但需要事先充分准备，应选择一个大的场所，用于接纳大量人群；分区管理，保证伤员隐私（男、女脱衣和男、女穿衣应在不同区域），放置清洁衣服及隔离污染衣物。

（二）湿洗消法

湿洗消法过程包括脱去伤员衣服，用海绵或毛巾在低压、温水下淋浴或冲洗。应避免用硬毛刷子以免损伤皮肤，应使用中性清洁剂冲洗。对于湿洗消法而言，温水非常重要：水太热会促进毒素的吸收；水太冷不利于污染物的移除，且易导致体温过低现象。伤员应从头到脚进行冲洗，首先是嘴和鼻子及开放性伤口周围，冲洗最好持续3~5分钟。失去意识或不能够自我冲洗的伤员应当由2~4名穿戴适当防护装备的洗消团队人员用相同方法进行冲洗。由于使用头顶式淋浴时，水可能会进入无意识伤员的气道，因此应首先洗消脸、头和颈部，在洗消过程中注意气道保护，小心注意凹陷和褶皱部位，如耳朵、眼睛、腋窝和腹股沟等，而后翻转伤员冲洗后背。湿洗消法对场地的要求比干洗消法更高，它需要额外的资源（如水、电、冲淋设备等）和更多的人员。

五、洗消场所

洗消应在灾难现场附近进行，由专业灾难处理人员用消防水带或便携式洗消庇护所引出的低压水进行洗消。然而，很多伤员仍会越过现场洗消直接到医院就诊。医院完成大量伤员洗消的理想场所应远离正常治疗区域，以避免其他伤员、工作人员和设施的污染，应选择医疗机构的下风口和下坡处作为洗消场所。如不能同时满足以上选址条件，就必须权衡洗消原则与客观设备环境，然后做出决定。

当有大量伤员时，需要2000~4000平方米的洗消区域，并划分明确的污染区和清洁区。污染区用于分诊、伤员初步处理及伤员和技术人员的洗消；清洁区用于伤情评估、伤员诊治及转运和登记。一个大量伤员洗消区域需要约20人的洗消团队进行疏导和管理，其中污染区需要10~12名穿着个人防护装备的工作人员，其他约10人（如有需要也穿着个人防护装备）在清洁区作为后备。

洗消区入口和出口应有专人监控守卫，必要时应与专业机构合作选用守卫人员，

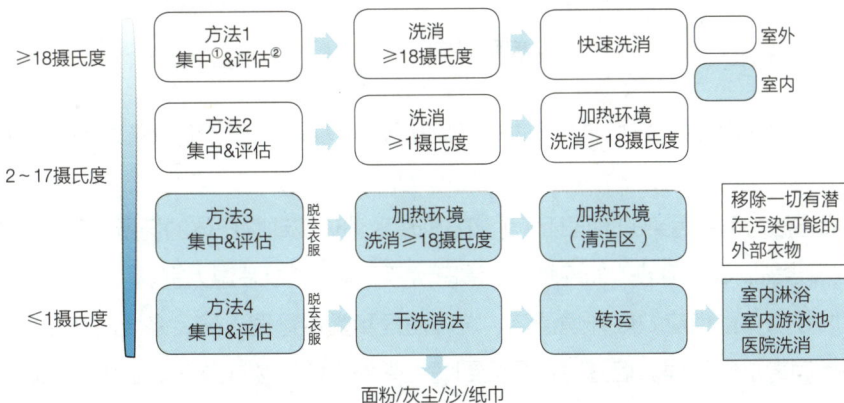

不同气温适应的洗消方法
①集中是指收集武器、装备和外部衣物；②评估是指检伤分类。

洗消区域不应阻碍正常救护车的通行，区域应靠近公共设施，如灯光、水、电等设施设备。如果可能，地面应铺砌平整，以防止污染物进入地面，并集中废水专门处理。

寒冷环境对湿洗消法的应用是巨大的挑战，但是无论周遭气温如何，暴露在已知危及生命水平的化学污染中的人都应尽快洗消并进行救治。如洗消区域温度低于18摄氏度，伤员在进行湿洗消过程中和之后会面临低体温风险；风速的增加将加速伤员身体热量散失，故而温度和风速是湿洗消必须考虑的因素；同样温度的冷水比空气对人体造成的热量散失快26倍，因此寒冷环境中必须用热水。伤员在寒冷环境中洗消前、洗消中和洗消后都应严密监测低体温的症状和体征。当体温低于37摄氏度时人会感到寒冷并引发寒战，低于35摄氏度时开始出现生理和精神损伤，低于30摄氏度时将停止寒战且意识丧失。

洗消操作非常复杂，将消耗大量资源，因此需提前充分准备洗消计划，并充分考虑灾难发生时资源匮乏的可能及人们可能的行为表现。

六、现场消毒

消毒技术是利用物理、化学的方法，杀灭传播媒介上的各种致病微生物，切断疾病传播途径的过程，达到无害化处理结果。

环境消毒	饮水消毒	手消毒
首选三氯异氰尿酸泡腾消毒片	首选漂精片（或泡腾型）	首选乙醇类快速手消毒液和碘伏制剂

常用消毒剂

常用消毒剂有高效、中效和低效三种。有效成分都为氯，其含量用毫克/升或浓度（％）表示。

环境消毒方法对可能污染的地面环境（如发现腐败遗体或动物尸体的场所、粪便污染场所），可选择含氯消毒剂溶液（如泡腾片、漂白粉等）喷洒，以喷湿为宜。

对临时居住点，重点应做好环境清洁、垃圾清理和粪便管理工作，必要时在专业人员指导下进行消毒杀虫处理。墙壁、地面受到病人粪便、呕吐物或体液、血液污染时，应进行消毒。消毒时可用有效氯为1000毫克/升的消毒液均匀喷雾或喷洒，以将墙壁或地面喷湿为度。

排泄物、呕吐物污染的容器可用漂白粉上清液、含氯消毒液或过氧乙酸溶液浸泡。浸泡时，消毒液要浸满容器。

环境表面常用消毒方法

消毒产品	使用浓度（有效成分）	作用时间（分钟）	使用方法	使用范围	注意事项
含氯消毒剂	400~700mg/L	>10	擦拭、拖地	细菌繁殖体、结核杆菌、真菌、亲脂类病毒	对人体有刺激作用；对金属有腐蚀作用；对织物、皮草类有漂白作用；有机物污染对其杀菌效果影响很大
	2000~5000mg/L	>30	擦拭、拖地	所有细菌（含芽孢）、真菌、病毒	
二氧化氯	100~250mg/L	30	擦拭、拖地	细菌繁殖体、结核杆菌、真菌、亲脂类病毒	对金属有腐蚀作用；有机物污染对其杀菌效果影响很大
	500~1000mg/L	30	擦拭、拖地	所有细菌（含芽孢）、真菌、病毒	
过氧乙酸	1000~2000mg/L	30	擦拭	所有细菌（含芽孢）、真菌、病毒	对人体有刺激作用；对金属有腐蚀作用；对织物、皮草类有漂白作用
过氧化氢	3%	30	擦拭	所有细菌（含芽孢）、真菌、病毒	对人体有刺激作用；对金属有腐蚀作用；对织物、皮草类有漂白作用
碘伏	0.2%~0.5%	5	擦拭	除芽孢外的细菌、真菌、病毒	主要用于采样瓶和部分医疗器械表面消毒；对二价金属制品有腐蚀性；不能用于硅胶导尿管消毒
醇类	70%~80%	3	擦拭	细菌繁殖体、结核杆菌、真菌、亲脂类病毒	易挥发、易燃，不宜大面积使用
季铵盐类	1000~2000mg/L	15~30	擦拭、拖地	细菌繁殖体、真菌、亲脂类病毒	不宜与阴离子表面活性剂如肥皂、洗衣粉等合用
自动化过氧化氢喷雾消毒器	按产品说明使用	按产品说明使用	喷雾	环境表面耐药菌等病原微生物的污染	有人情况下不得使用
紫外线辐照	按产品说明使用	按产品说明使用	照射	环境表面耐药菌等病原微生物的污染	有人情况下不得使用

续表

消毒产品	使用浓度 （有效成分）	作用时间 （分钟）	使用 方法	使用范围	注意事项
消毒湿巾	按产品说明使用	按产品说明使用	擦拭	依据病原微生物特点选择消毒剂，按产品说明使用	日常消毒；湿巾遇污染或擦拭时无水迹应丢弃

注：内容引自 WS/T 512—2016《医疗机构环境表面清洁与消毒管理规范》。

第二章
触电现场急救

第一节　触电现场急救原则

🔆 **重点**　掌握触电的原因和规律。

ⓘ **难点**　掌握预防触电事故的方法。

一、概述

电击伤俗称触电，通常是指人体直接触及电源或高压电经过空气或其他导电介质传递电流通过人体时引起的组织损伤和功能障碍，严重时将导致心脏和呼吸骤停。

在电力作业中，由于仪器使用不当或不小心而导致的触电事故时有发生，以下是常见的触电原因。

（1）安全观念淡薄，违反安全操作规程。

↗ 贪图方便，没有佩戴绝缘手套，用手触摸带电物体或带电开关。

↗ 在进行电气设备的倒闸操作时，违反操作规律，不仅可能造成触电事故，还会造成电弧灼伤。

↗ 工作人员因受过电气安全知识与技能训练而过于自信、麻痹大意，单凭经验去工作。

（2）在电气设备停电检修或实验时，任务分配不

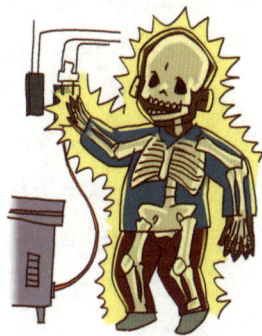

触电

当，组织指挥不到位，监护工作没有落实，没有采取安全技术措施。

↗ 检修需要多部门协助进行，若组织部门没有做好分工、明确停电时间和范围，容易造成事故。

↗ 确定只有符合电气安全要求的人员才能参加工作，若不符合要求的工人不得参与，容易因操作技术不到位出现意外。

↗ 要求对危险系数比较大的任务要委派专人监护，否则容易出现因监护工作没有落实而发生事故。

（3）在设备带电运行中进行检查维修时操作不规范。

↗ 电气设备种类繁多，各有其结构特性和安全要求。如没有采取完善可靠的技术支持，易引起触电。

↗ 错误使用电力安全工器具。

（4）设备绝缘降低或火线碰壳。

↗ 电气设备陈旧或绝缘老化、受潮。在较大振动场所，经常要移动的设备都容易发生漏电或火线碰壳。当触及这些设备而又无保护措施时引起触电。

（5）偶然因素。

↗ 如大风刮断的电线恰巧落在人体上。

上述原因中，除了偶然因素很难避免外，其他的因素都是可以避免的。

二、触电的类型及规律

（一）触电的类型

1. 单相触电

单相触电也称单线触电，是指当人体直接碰触带电设备或线路的某一相导线时，电流通过人体流入大地。这是一种比较常见的触电事故。

（1）当系统中性点接地时，如果低压用电设备绝缘损坏，带电部分裸露而使外壳、外皮带电，人体直接接触这类设备，大电流从手到脚经过人体，并且流经心脏，非常容易出现单相触电，可危及生命。

（2）当系统中性点不接地时，线路的绝缘损坏严重，绝缘阻抗非常大，经过人体的电流主要是线路的电容电流。如果线路不长，通过体内的电流也不大，触电的危险性小；反之，可能有生命危险。

单相触电

2. 双相触电

双相触电也称双线触电，是指人体同时接触带电设备或线路的两相导体，或在高压系统中，人体同时接近不同相的两相带电导体，而发生电弧放电，电流从一相导体通过人体流入另一相导体，构成一个闭合电路。

（1）发生双相触电时，作用于人体的电压等于全部线电压，比单相触电更危险。

（2）由于电工同时双手或身体直接接触两根带电导线的概率小，双相触电发生的概率比较小。

3. 跨步触电

跨步触电是指由跨步电压引起的人体触电。当电气设备发生接地故障时，接地电流通过接地体向大地流散，在地面上形成电位分布时，若人在接地短路点周围行走，其两脚之间的电位差就是跨步电压。

（1）跨步电压的大小受接地电流大小、鞋绝缘性和地面特征、两脚之间的跨距、两脚的方位及离接地点的远近等很多因素影响。与离接地点的距离近，电位高，危害大；与离接地点的距离远，电位低，危害小；一般远离接地点20米以外，电位约为零，发生触电事故的概率非常小。

（2）发生跨步电压触电事故，电流一般沿着人体的下身到脚流通，与大地形成通路。电流很少经过心脏，此时危险性比较低。但如果当时触电者双脚抽筋倒地，电流有可能经过心脏，导致伤员心脏骤停，危及生命。因此高压设备发生接地故障时，室内不得接近故障点 4 米以内，室外不得接近故障点 8 米以内。

4. 电弧触电

电弧触电特指高压电弧触电，是指人与高压带电体靠近到一定距离时，高压带电体与人之间会发生放电现象，导致触电。

5. 接触电压触电

接触电压触电是指当设备接地部分破坏或绝缘破损，设备与大地之间产生电位差，当人接触到漏电设备的外壳时，其手脚之间承受电压而造成的触电事故。

在电力行业中，因接触到漏电设备外壳而造成的触电事故时有发生，所以严禁工作人员不穿戴防护设备就触碰或操作电气设备。

（二）触电事故规律

（1）按季节统计，春冬季较少，夏秋季较多。夏季气温高、湿度大，工作人员穿着单薄，外露皮肤面积大而且比较湿润，工作时与带电导体接触机会大，人体对电的绝缘性会降低。

（2）按电压等级分类统计，低压触电多数是由于工作人员麻痹大意而造成的事故；高压事故比较多见，多数由于带电作业和部分停电作业所导致；超高压作业一般在停电时进行，所以触电事故多是由于工作人员本身失衡造成的。

（3）线路部位触电事故发生比较普遍。触电事故发生在变压器出口总干线上的少，主要在分支上；发生在远离开关线路部分的情况更为普遍。

（4）违规操作或电气安全措施不完善导致的触电事故较多。

（5）在电力生产和建设中，年轻员工和新入职人员所占比例大，他们是发生触电事故的高危人群。年轻员工和新入职人员作业经验少、对设备不熟悉、缺乏电气安全知识，当出现赶工期或需要紧急处理停电事故时，容易忽视自身的安全，违章作业，酿成触电事故。

第二节　电力高处救援

💡 重点　了解高处救援的方法。
ⓘ 难点　熟练掌握高处救援的各种物件操作要点。

一、概述

高处救援又称高空救援，是指在高空、陡坡、深洞等存在滑跌、坠落危险的地形上开展救援及在这些地形上工作时应急救援人员自我保护、互相保护的技能和行为。

电力行业杆塔众多，很多输电线路分布在悬崖陡壁旁，在基建、线路巡视工作中发生突发事件或群众在这些地方发生意外时，都需要去救援。因此，掌握一定的高处救援技术，能熟练使用各种高处救援器材，是电力应急救援必须学习的技能。

（一）高处救援的原则

意外情况千差万别，往往超出预期，而救援方式也应该根据所处环境、现有材料器具不同安排合理的救援方案。一般来说，要遵循以下几个原则。

1. 安全第一

只有在保证自身安全的前提下，才能为他人提供救助，同时也要保证被救助人员的安全，防止造成二次伤害。在高处作业时，时刻不能离开安全带的保护，安全带要牢固固定，在救援中要先建立可靠的保护站确保自身和他人安全；在高处救援时，不管哪个岗位的人员均应佩戴安全帽，以防落物伤人。

如果被救助人员在带电线路的安全距离外，要密切注意救助时与带电线路保持安全距离，救助所用的绳索、安全带等物件都可能导电，因此不能靠近带电线路。如果需要到带电线路上救人或需要穿过带电线路时，一定要先停电再救人，停电可按操作要求、使用专用工具按顺序拉开电源开关或熔断器，在紧急情况下无法找到电源开关的也可使用抛掷裸金属线等方法使线路短路，迫使保护装置动作。

2. 操作正确迅速

紧急救护的基本原则是在现场采取积极措施，保护伤员的生命。对于触电伤员能否成功获救的关键是动作快、操作正确。任何错误施救和拖延都会导致伤员伤情加重或死亡。

3. 团队合作优于个人救助

在户外救援中，常常需要建立作为高处保护和吊运人员、物资的支点的保护站。保护站由两个以上的相对独立的保护点组成，且高处救援器材可分为升降类器材、锁具类器材、其他类器材等。救援行动，因地制宜，须多方合作，因此经过专业训练的团队合作救援比单人救助效果更佳。

（二）电力高处救援一般程序

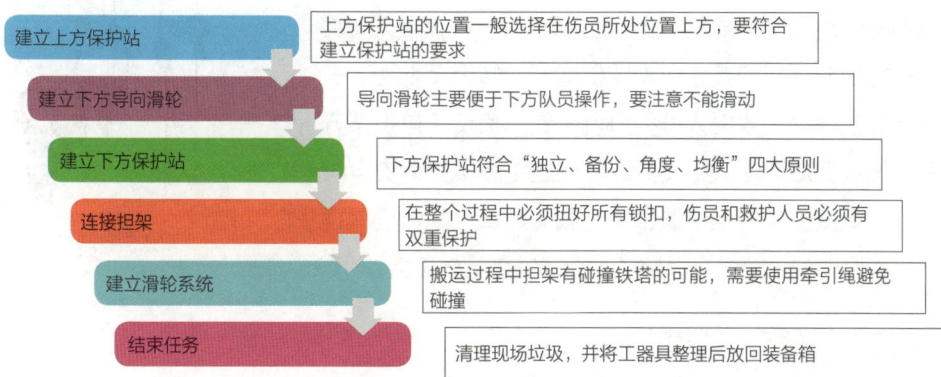

建立上方保护站	上方保护站的位置一般选择在伤员所处位置上方，要符合建立保护站的要求
建立下方导向滑轮	导向滑轮主要便于下方队员操作，要注意不能滑动
建立下方保护站	下方保护站符合"独立、备份、角度、均衡"四大原则
连接担架	在整个过程中必须扭好所有锁扣，伤员和救护人员必须有双重保护
建立滑轮系统	搬运过程中担架有碰撞铁塔的可能，需要使用牵引绳避免碰撞
结束任务	清理现场垃圾，并将工器具整理后放回装备箱

电力高处救援一般程序

二、高空救援的方法

（一）单人营救法

首先在杆上安装绳索，绳子的长度应为杆的1.2~1.5倍，将绳子的一端固定在杆上，固定时绳子要绕2~3圈，将绳子的另一端放在伤员的腋下，绑结时要先用柔软的物品垫在腋下，然后用绳子绕1圈，打3个靠结，绳头塞进伤员腋旁的圈内并压紧，最后将伤员的脚扣和安全带松开，再解开固定在电杆上的绳子，缓缓将伤员放下。

高空营救

（二）双人营救法

与单人营救方法相同，只是绳子的另一端由杆下救援人员握住缓缓下放，此时绳子要长一些，应为杆高的2.2~2.5倍，救援人员要协调一致，防止杆上救援人员突然松手，杆下救援人员没有准备而发生意外。

（三）多人铁塔营救法

首先在铁塔下铺设充气床垫，然后由3名救援人员登至伤员处，在伤员上方约1.5米铁塔钢架上固定2个滑轮，将安全绳穿过滑轮后由高空抛下，地上救援人员将吊索端4条安全带与空中救援担架固定，同时在空中救援担架外侧固定2条安全绳作为牵引绳；由4人共同协作，2人负责牵拉空中安全绳，2人负责牵拉担架安全绳，将担架缓慢升空至伤员处，再将伤员安全搬运至担架后，1名救援人员将自身安全扣与担架连接，随担架护送伤员转运至地面。在担架下降过程中，救援人员要协调一致，负责牵拉担架升空的救援人员应匀速放松安全绳，使空中救援担架安全缓慢下降，负责空中担架位置牵拉的救援人员应配合确保担架与铁塔保持安全距离，以便顺利完成铁塔营救任务。

单人营救法

双人营救法

（四）其他高空救援方法

条件具备时也可使用消防云梯进行高空救援或使用直升机开展空中救援。

三、高空救援所需器械

常见高空救援所需器械包括专用设备包、锚点吊带、防坠器、缓冲连接装置、速降器、限位安全绳、安全衣（带）、安全帽等。使用高处救援器材的注意事项如下。

（1）使用经过标准认证的器材，不使用来历不明的器材。

（2）每件器材都有各自的使用范围和质量限额，使用之前要认真查看。

（3）使用之前要检查器材有无破损、扭曲，转动部件是否灵活。

（4）要熟悉攀登工具的正确使用方法，绳索的穿向、连接的方式等要正确。

（5）当金属器具磨损超过1毫米或从3米高处掉落到硬质地面上的都应作报废处理。

第三节　电流对人体的损害

🔔 **重点**　掌握触电损伤人体的原因和类型。

ⓘ **难点**　掌握触电现场快速准确的处置流程。

一、概述

安全电压是指不致使人直接致死或致残的电压，一般环境条件下允许持续接触的"安全特低电压"是36伏。行业规定安全电压为不高于36伏，持续接触安全电压为24伏，安全电流为10毫安。能引起人感觉到的最小电流值称为感知电流，人触电后能自己摆脱的最大电流称为摆脱电流，在较短时间内危及生命的电流称为致命电流。

电流通过人体时，电能直接作用于人体或转换成其他形式的能量作用人体而造成伤害。人在电磁场照射下吸收电磁场的能量也会受到伤害。在电力作业中，由于仪器使用不当而导致的触电事故常有发生，万一发生触电，现场的及时急救处理非常重要。

决定电流对人体伤害程度的主要有七个因素。

（一）电流的大小

通过人体的电流越大，人体的反应就越明显，感觉就越强烈，引起心脏骤停所需要的时间就越短，致命性就越大。

根据通过身体电流大小对身体伤害的不同，可以把电流分成三类：

（1）感知电流，体内开始产生通电的最小电流；

（2）摆脱电流，发生触电后人能够自主摆脱触电电源的最大电流，它是一个重要的安全指标；

电流会对人体造成伤害

（3）致命电流，在最短时间内伤害人体，导致死亡的最小电流。

（二）电流通过人体的时间

电流通过人体的时间越长，通过人体的电流就越大，后果就越严重。所以触电急救要求一定要"快"，尽可能减少电流通过人体的时间，减低危害性。

（三）人体的电阻

触电事故危害性的大小很大程度上与人体皮肤电阻和内部电阻有关。电流对人体起分解作用，随着人体发热出汗，人体电阻减小，通过人体的电流大，危害性大。

（四）电压的高低

电压等级越高，通过人体的电流就越大，危险性也越大。

（五）电流通过人体的途径

电流通过人体任一部位都可能致人死亡，其中电流通过心脏、中枢神经、呼吸系统危险性最大。

（1）从左手到前胸是最危险的电路路径，这时心脏、肺部、脊髓等重要器官都处于电路内，很容易引起心室颤动和中枢神经失调而死亡；

（2）从右手到脚的电流路径危险性较小，但会因痉挛而摔伤；

（3）从右手到左手的危险性更小；

（4）危险性最小的电流途径是从一只脚到另一只脚，但可能因痉挛摔倒而导致电流通过全身或发生二次事故。

（六）电流的频率

（1）直流电对人体的伤害较轻；

（2）30~300赫兹的交流电危险最大；超过1000赫兹的交流电危险性显著减少；超过20千赫以上的交流电对人体已无危害，但电压过高的高频电流仍会致人触电死亡。

（七）人的身体状况

触电危害性与人体状况有关，触电者的性别、年龄、健康状况、精神状态和人体电阻都会对触电后果产生影响。

二、触电伤害的分类

按触电伤害的主要形式可分为电伤和电击伤两大类。

电伤　电伤是由电流的热效应、化学效应、机械效应等对人体造成的伤害，造成电伤的电流都比较大。与电击相比，电伤属于局部性伤害。

（1）电伤包括电击伤、电烙印、皮肤金属化、机械损伤、电光眼等多种伤害。

（2）电伤的危险程度取决于受伤面积、受伤深度、受伤部位等因素。

（3）电伤会在机体表面留下明显的伤痕，其伤害作用可深入体内。

电击伤

电击是最危险的一种伤害，绝大多数的触电死亡事故都是由电击造成的。电击致伤的部位主要在人体内部，而在人体外部不会留下明显痕迹，严重时可导致休克，甚至危及生命。

根据电击电压的大小和电流的性质不同，电击伤又可分别细分为两类。

电压的大小分类

低压电击伤
- ↗ 380伏以下的电击伤；
- ↗ 可以造成皮肤和皮下组织浅表的烧伤；
- ↗ 严重者危害到循环系统、呼吸系统和神经系统，导致一段时间失去知觉甚至死亡。

高压电击伤
- ↗ 1000伏以上的电击伤；
- ↗ 雷击伤为高压电击伤的一种特殊形式；
- ↗ 可以引起广泛危害，极可能引起神经、血管、肌肉和内部脏器的严重损伤；
- ↗ 一般在人体内形成"入口"和"出口"，"入口"比"出口"严重；伤害主要表现为深度烧伤，深及肌肉和骨骼。

电流的性质分类

直流电电击伤
- ↗ 主要产生温热感，危害性小。

交流电电击伤
- ↗ 手触及高压交流电，引起肌肉痉挛和强直性收缩，手不容易松脱，并且越来越抓紧带电体，造成危害性越大。

三、触电者脱离电源

触电急救首先要使触电者快速脱离电源。脱离电源是设法将触电者与带电设备脱离，把触电者接触的那一部分带电设备的所有断路器、隔离开关或其他断路设备断开。

（一）脱离电源方法

1. 低压触电

拉开电源开关　　　　　用绝缘物切断电源

场景	正确做法	注意事项
触电点附近有电源开关或电源插座	拉开开关或拔出插头，断电	拉线开关或墙壁开关等只控制一根线的开关，有可能因安装问题只能切断中性线而没有断开电源的相线
触电点附近无电源开关或电源插座（头）	用有绝缘柄的电工钳或有干燥木柄的斧头切断电线，断开电源	注意切断电线的位置，防止断开后的带电端再次危及现场人员
电线落在触电者身上或压在身下	用干燥的衣服、手套、绳索、皮带、木板、木棒等绝缘物作为工具，拉开触电者或挑开电线，使触电者脱离电源	严禁直接赤手空拳拉触电者
触电者衣服干燥且未紧缠在身上	可用一只带上绝缘手套的手抓住触电者的衣物，拉离电源	因触电者身体是带电的，其鞋的绝缘可能遭到破坏，救护人员切忌接触触电者的皮肤和鞋子
触电发生在低压带电的架空线路上或配电台架、进户线上	↗ 能立即断电的，应迅速断开电源。 ↗ 若不能立即断电，救护人员迅速登杆或登至可靠地方，做好自身防触电、防坠落安全措施，用带有绝缘胶柄的钢丝钳、绝缘物体或干燥不导电物体等工具将触电者脱离电源	进行登高营救时，救护人员须提前检查所有救援设备是否齐全、完整。做好防护后，方能开展
触电发生在电缆沟道、隧道内，且不能立即断开电源开关	用抖动电缆的方式使触电者脱离电源	如因电缆绝缘损坏触电，除非是单根单相电缆，否则不建议采取直接剪断电缆的方式断开电源，以防止相间短路起火

2. 高压触电

场景	正确做法	注意事项
常规情况	↗ 立刻通知有关供电单位或用户停电。 ↗ 穿戴好绝缘手套和绝缘靴，用相应电压等级的绝缘工具按顺序拉开电源开关、熔断器或隔离开关	触电者因电击伤倒在高压带电区域内，虽未直接接触带电设备，但救护人员仍须考虑安全距离，否则有触电危险
极端情况	抛掷裸金属线使线路短路，迫使保护装置动作，断开电源	抛掷的短路线被烧断，应考虑线路重合闸动作后的再次带电

（二）脱离电源注意事项

（1）触电者触及断落在地上的带电高压导线时，救护人员应做好安全措施（如穿绝缘靴），才能接近以断线点为中心的8~10米的范围内进行验电，以防止跨步电压伤人。

（2）确认线路无电时，救护人员应迅速将触电者带至8~10米以外，并根据伤情进行急救。

（3）电缆沟道内触电者应尽快转移到通风地带或地面救护，防止缺氧环境救护不力或窒息伤害。

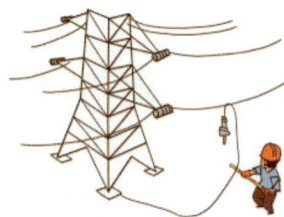

用绝缘物拉开电源

（三）检查伤情进行抢救

（1）触电者，尤其是高压触电的，一般都会引起心室颤动或心脏骤停，特别要检查伤员的呼吸和心跳。

（2）经检查，伤员呼吸、心跳停止，应该立刻现场实施心肺复苏术，以建立呼吸和血液循环，恢复全身器官的血氧供应，心肺复苏术应坚持到专业医务人员的到来。心肺复苏术详见第三章第一节相关内容。

高压触电确保安全距离

（3）若伤员伴有严重的外伤，如动脉破损的伤口大出血，应先止血。外伤急救方法详见第四章。

（4）如现场有配置自动体外除颤仪，马上为心脏骤停的伤员进行电击除颤，以终止心室颤动，让心脏恢复正常跳动。自动体外除颤仪的使用详见第三章第二节。

（四）触电救援与救护的注意事项

场景	正确做法	注意事项
平地	穿戴好绝缘防护用品时，建议用一只手操作，以防自己触电；同时尽量不用另一只手借力于其他人员或金属导电物体，防止构成回路伤及自身或他人	即使电源已断开，对未做安全措施挂上接地线的设备也应视作有电设备
高空	↗ 同一杆塔或台架上的线路或设备应同时停电。 ↗ 救援时，选择电杆铁塔、大型用品、岩钉、直径大于15厘米的树木建立稳固的保护点。通过稳固的保护点，建立适合高空救援的保护站。 ↗ 救援时，须综合考虑各种因素，如自己的工作站位、同伴的工作位置、触电者的位置及绳索装备的位置等，保证设置保护站的绳子不能扭在一起打结	↗ 注意自身和被救人员与附近带电体之间的安全距离，防止再次触及带电设备。 ↗ 高空救援时，应防止触电者脱离电源后自高处坠落而形成复合伤。 ↗ 救护人员救护时，应注意自身安全，做好防坠落摔伤的措施

场景	正确做法	注意事项
夜间	检查事故现场照明情况，准备应急灯	↗ 使用应急灯时，须注意场所是否符合防火、防爆要求。 ↗ 不能因环境特殊，而延误断开电源和进行急救的时间
绝缘不良的环境（如：电缆沟道等狭窄、潮湿或多金属结构支架区域）救援与救护	↗ 配备环境安全观察员，及时反馈现场情况，调整救援方法与策略。 ↗ 救护人员一定要做好个人防护，须穿戴好完好的绝缘服装	在电缆沟道的救援，除了考虑空间小，湿度大的情况外，还要考虑是否沟道存在有毒气体。在救援前应监测环境的气体数据，加强通风。及时将触电者转移到安全通风区域再开展急救

温馨提示：现场救援与救护"二不做"

一"不做"：不可直接用裸手、其他金属及潮湿的物体作为救援工具。

二"不做"：在未穿戴绝缘防护用品的情况下，不能进入以触电者为半径的8米以内（室内4米）。

第四节　触电事故的预防

🔔 重点　熟悉预防触电事故的重要性。

ⓘ 难点　掌握预防触电事故的要点。

发生触电事故，大多数是由于违规操作引起的，所以预防触电事故最重要从"人"开始，要贯彻"安全第一，预防为主"的方针。

一、人员管理

（1）从事电力作业人员必须具备必要的电气知识和业务技能，具备必要的安全知识和紧急救护方法。

（2）从事电力作业的人员必须经电力部门培训、考核并取得"进网作业许可证"后，方可进网作业。严禁非电力专业人员操作电力设备。

（3）电力从业人员应参与专业的应急救护和救援机构举办的应急救护和救援培训，

获得应急救护培训合格证和应急救援培训合格证。及时学习更新知识和技术，提高自身应急能力和水平。

二、规章制度

必须认真贯彻执行DL/T 692—2018《电力行业紧急救护技术规范》的有关规定，企业根据自身特点制定工作规程及规章制度，以确保工作人员人身安全，并确保电气设备始终保持在良好、安全的运行状态。

（1）建立临时用电检查制度：包括临时用电的申请、接入、检查、考核，并将检查、抽查记录存档等。

（2）使用密闭式和防爆型电气设备：在潮湿、粉尘或有爆炸危险气体的施工现场要分别使用密闭式和防爆型电气设备。

（3）配电系统必须实行分级配电：现场内所有电闸箱的内部设置须符合有关规定，箱内电器可靠、完好，其选型、定值要符合规定，开关电器应标明用途。

三、安全教育和宣传

日常不仅要对职工进行"安全第一、预防为主"的思想教育，还可通过技术培训、岗位练兵、预防事故演习等方式提高人员的技术、业务水平，对电力行业管理人员、职工、居民等不同人群通过培训、讲座、沙龙、演讲或竞赛多种形式开展安全用电宣传，普及安全用电基本知识。

四、用电管理和安全检查

定期进行安全检查，对检查出的缺陷、隐患及时进行处理，及时纠正用电中不安全因素和违章行为。用电管理要严把"三关"，即投运质量关、操作技术关、安全维护关。

（1）检查是否保持电缆、导线完好。应保持配电线路及配电箱和开关箱内电缆、导线对地绝缘良好，不得有破损、裸露、电线受挤压、腐蚀、漏电等隐患。

（2）检查是否按规定穿戴绝缘鞋、绝缘手套。检查和操作人员必须按规定穿戴绝缘鞋、绝缘手套和使用电工专用绝缘工具。

第三章
心肺复苏术

第一节　心肺复苏术的操作步骤及原理

🏠 **重点**　深刻认识早期心肺复苏术对抢救心脏骤停伤员的重要性。
ⓘ **难点**　掌握心肺复苏术的操作步骤。

相关操作扫码观看

一、概述

心肺复苏术（cardiopulmonary resuscitation, CPR）是指针对呼吸、心脏骤停的伤员所采取的抢救措施，即用心脏按压或其他方法形成暂时的人工循环，恢复心脏自主搏动和血液循环，用人工呼吸代替自主呼吸，达到恢复苏醒和挽救生命目的的方法。复苏的最终目的是恢复大脑功能。

心肺复苏术的两大核心技术包括心脏按压和人工呼吸。

心脏按压分为胸内心脏按压和胸外心脏按压，胸内心脏按压一般在医院内由专业人员实施，胸外心脏按压在医院内外均可使用，是徒手按压伤员胸廓，使血液泵送到大脑和心脏。

血液主要起运输作用，将从肺泡获得的氧气和其他营养物质输送到全身组织和器官进行物质和气体交换，之后将从毛细血管收集到的代谢产物，如二氧化碳，运送到肺排出体外。当心脏停止跳动时，人体内的血液循环也会随之停止，全身组织特别是大脑等重要的器官就

胸外心脏按压

人工呼吸

会因缺血缺氧而死亡。通过心脏按压，恢复心脏的泵血功能，推动血液流动而建立人工循环。

胸外心脏按压原理是：通过体外按压胸骨，挤压心脏将血液排出，使血流从心内向主动脉流去；按压放松时，胸廓因弹性回缩而扩张，心脏恢复原状，静脉血被动吸回心内；反复按压推动血液流动而建立人工循环。

人工呼吸的原理是：把氧气送入肺中，以维护大脑等重要器官的供氧，避免器官因缺氧而死亡。正常空气中氧浓度约为21%，经呼吸进入肺后人体大约可利用3%～5%的氧浓度，也就是说，呼出气中仍含有16%～18%的氧浓度，我们在进行人工呼吸时给伤员的气体里，虽然氧气的含量比大气略低，二氧化碳含量相比大气较高，但足够保证伤员的最低需氧量。吸入气体中稍高浓度的二氧化碳有兴奋呼吸中枢的作用，有利于呼吸的恢复。

二、早期心肺复苏术对心脏骤停伤员急救的重要性

人体全身脏器组织时时刻刻都需要氧气的供应。触电、溺水、中暑或中毒等，可导致人体呼吸、心脏骤停，人体内各组织细胞和器官因无血液供应而缺血缺氧死亡。在众多器官中，大脑对氧气要求最苛刻，脑细胞对缺氧特别敏感，4分钟便会死亡，且大脑细胞死亡是不可逆的，伤员即使救活，但大脑失去了功能，后遗症也是极大的。为了能及时抢救伤员，保持大脑功能，最好能在4分钟内采取有效的抢救措施。

目前在国内，120救护车很难在4分钟内到达事故现场，抢救生命成功与否很大程度依赖于现场第一目击者。如果现场第一目击者没有在4分钟内给予伤员有效的心肺复苏，伤员部分脑细胞就会出现不可逆死亡，直到大脑缺氧10分钟后，脑细胞死亡过半，伤员变成"植物人"的概率非常高。因此，对于心脏骤停的伤员，最好在4分钟内对其实施心肺复苏，越早实施成功率就越高，拖延时间越长成功率越低。每延迟1分钟成功率会下降约10%，在黄金4分钟内进行心肺复苏，成功率高达60%，而在10分钟后再进行心肺复苏，成功率几乎为0。

因此建议电力工作者（尤其是从事危险系数较高工作的电力工作者）积极参与由具有资质的应急救护培训机构举办的紧急救护技能培训，熟读救护教材，掌握救护知识和技能。

三、成人心肺复苏术的现场操作步骤

心肺复苏术是现场急救的核心内容和操作技能。抢救成功的关键是及时、准确地实

施心肺复苏术。

（一）确定急救现场是安全的

（1）在接触评估伤员之前，请务必确定现场是安全的，检查附近任何可能伤及人员生命安全的东西，如果救护人员受到伤害就无法帮助别人。

（2）安全隐患较大的场所包括：电线坠落的区域、有水迹的地面、存在有毒气体的室内、繁忙的街道或停车场等。

（3）在提供救治时，请注意周围是否有任何可能对救护人员或需要帮助的伤员造成危险的情况变化。

确认环境和个人安全

意识判断

（二）意识判断及呼救

（1）俯身靠近伤员或者跪在伤员身旁，轻拍伤员双肩，并呼喊询问情况。

（2）如果伤员能够挪动、说话、眨眼，或者在轻拍时能做出反应，说明伤员有意识；反之，说明伤员没有意识。

（3）对于意识清醒的伤员应询问是否需要帮助，将其置于舒适体位，严密观察呼吸、脉搏等生命指标，暂时不要让其站立或走动；对于意识不清的伤员，如无反应，则应高声呼救，寻求他人帮助，同时拨打当地急救电话。

（4）判断意识时禁止剧烈摇晃伤员头颈部。

呼救求助

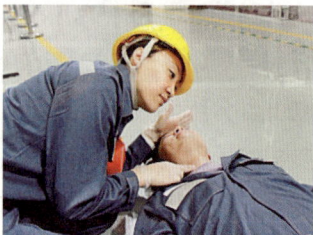

脉搏和呼吸判断

（三）脉搏和呼吸判断

（1）救护人员用5~10秒扫视伤员胸腹部是否有起伏，有起伏可判断其有呼吸，无起伏则判断呼吸停止。

（2）非专业人员可不进行脉搏检查，对无呼吸或仅是濒死叹气样呼吸及无意识的伤员，应立即开始心肺复苏。

（3）专业救护人员检查伤员无呼吸或仅是濒死叹气样呼吸时，应用食指及中指指腹先触及伤员颈部气管正中部位，然后向旁滑移2~3厘米，在胸锁乳突肌内侧触摸颈动脉是否有搏动，检查时间不要超过10秒，如10秒内不能明确感觉到脉搏，应立即施行心肺复苏术。

（四）体位摆放

对需要进行心肺复苏的伤员，将其仰卧置于平地或硬板上，解开伤员领扣和皮带，去除或剪开限制其呼吸的胸腹部紧身衣物，立即就地迅速开展有效心肺复苏术抢救。

心肺复苏体位

（五）自动体外除颤仪的应用

（1）当可以立即取得自动体外除颤仪时，对于有目击的成人心脏骤停，应尽快使用自动体外除颤仪除颤。

（2）若成人在未受监控的情况下发生心脏骤停，或不能立即取得自动体外除颤仪，应在他人前往获取及准备自动体外除颤仪时开始心肺复苏术。

（3）自动体外除颤仪使用方法及步骤详见第三章第二节相关内容。

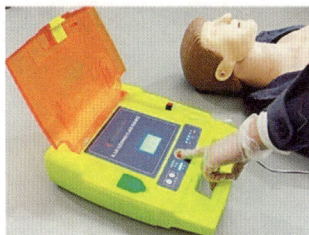

自动体外除颤仪

（六）成人胸外心脏按压

1. 按压位置

正确的按压位置是保证胸外心脏按压效果的重要前提，可用以下两种方法之一来确定。

方法一：胸部正中，双乳头连线中点，胸骨的下半部即为正确的按压位置。

方法二：沿伤员肋弓下缘向上，找到肋骨和胸骨连接处的中点，两手指并齐，中指放在切迹中点（剑突上方），食指平放在胸骨下部，另一只手的掌根紧挨食指上缘，置于胸骨上，即为正确按压位置。

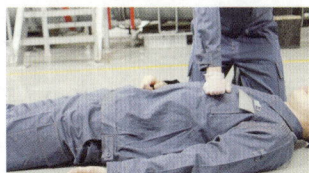

按压位置

2. 按压姿势

（1）使伤员仰卧在平硬的地方，救护人员站立或跪在伤员一侧胸旁，救护人员的两肩位于伤员胸骨正上方，两臂伸直，肘关节固定伸直，两手掌根相重叠，手指翘起，将下面手的掌根部置于伤员心脏按压

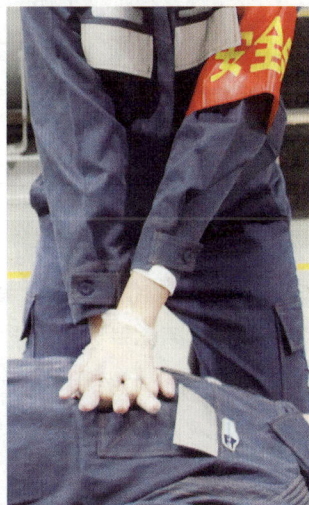

按压姿势

位置上。

（2）以髋关节为支点，利用上身的重力，垂直将正常成人胸骨压陷5~6厘米。

（3）以足够的速率和幅度进行按压，保证每次按压后胸廓充分回弹，按压间歇避免双手倚靠在伤员胸壁，尽可能减少按压中断并避免过度通气。

3. 按压操作频率

（1）胸外心脏按压要以均匀速度进行，每分钟100~120次，每次按压和放松的时间相等，两次按压间隔时间不超过10秒。

（2）胸外按压与人工呼吸比例。单人施救时每按压30次吹气2次（30∶2），循环进行；双人抢救时，每按压30次后由另一人吹气2次（30∶2），反复进行。

4. 其他注意事项

双人或多人进行心肺复苏术，应每2分钟（或按压吹气5组循环）交换角色，以避免因救护人员疲劳而致胸外心脏按压质量和频率削弱。在交换角色时，其按压操作中断时间应不超过10秒。

（七）开放气道

（1）用仰头抬颏法打开气道：一只手放在伤员前额，用掌根将额头用力向后推，另一只手的食指与中指置于颏骨下方，向上抬起下颏（对颈部损伤者不适用），两手协同将头部推向仰姿，因舌后坠导致的气道阻塞即可通畅。

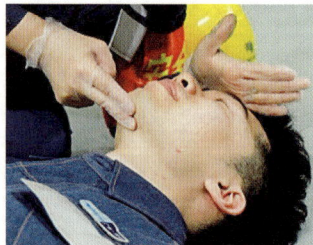

仰头抬颏，开放气道

（2）怀疑有颈椎损伤的伤员应用托颌法保持气道通畅。用双手将下颌骨向上方托起并用双拇指向下打开口腔，严禁用枕头或其他物品垫在伤员头下，以免影响气道通畅及大脑供血。

（3）如发现伤员口内有异物，要清除伤者口中的异物和呕吐物。清除固体异物时，应确认伤员无脊柱骨折后，将其头部偏向一侧，一手按压开伤员下颌，迅速用另一手指将固体异物钩出或用两手指交叉从其口角处插入，取出异物，操作中要注意防止将异物推到咽喉深部。

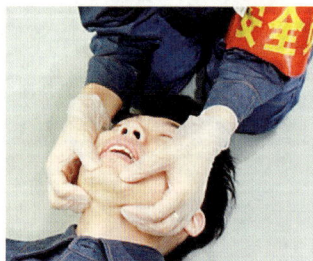

托颌法开放气道

（八）人工呼吸

（1）在保持伤员气道通畅的同时，救护人员用放在伤员额上的手捏住伤员鼻翼，救护人员平静吸气后，与伤员口对口紧合，在不漏气的情况下，先连续以正常呼吸气量吹气2次。

（2）每次吹气时间应持续1秒钟。气道通畅且操作正确，能够看到伤员胸廓微隆起伏，吹气时如有较大阻力，可能是头部后仰不足或过伸，或气道内有异物，应及时纠正，在吹气时应避免过快和气量过多。

（3）伤员牙关紧闭，可采取口对鼻人工呼吸，吹气时要将伤员嘴唇紧闭，防止漏气。

（4）如有条件，建议使用简易呼吸面罩、呼吸隔膜或球囊面罩等防护装置，以避免直接接触引起交叉感染。

口对口人工呼吸

球囊面罩通气

（九）头部降温

伤员经现场抢救，呼吸心跳恢复后，应立即对其头部进行降温，如用冰帽、冰袋等。

（十）抢救过程中的再判断

（1）按压吹气2分钟后（相当于5组30：2按压吹气循环），观察伤员的意识、呼吸、肤色，在5~10秒完成对伤员呼吸心跳是否恢复的再判断。若判断呼吸心跳未恢复，则继续坚持用心肺复苏技术抢救。

（2）在医务人员未接替抢救前，现场抢救人员不要轻易放弃抢救。

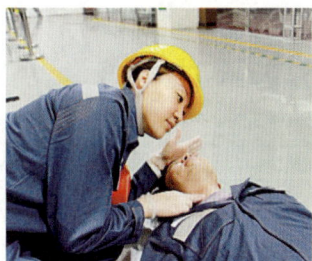

5组循环后再判断

（十一）伤员转运

（1）心肺复苏尽量在现场就地进行，不要为方便而随意移动伤员，如确实需要移动，抢救中断不应超过10秒。

（2）移动伤员或将伤员转送医院时，除使伤员平躺在硬质担架上外，条件允许应继续坚持心肺复苏。应注意保护伤员颈椎，并做好保暖。

（3）在转送伤员去医院前，应充分利用通信手段，与有关医院取得联系，请求做好伤员接收的准备，同时应对触电伤员的其他合并伤，如骨折、体表出血等做相应处理。

转运伤员

（4）具体转运方法详见第四章第四节相关内容。

四、心肺复苏有效表现及终止的条件

1. 心肺复苏的有效表现

（1）伤员面色、口唇、指甲由苍白转为红润；

（2）伤员恢复自主呼吸和心跳；

（3）伤员瞳孔由大变小；

（4）伤员开始挪动、说话、眨眼或有其他反应。

2. 心肺复苏的终止条件

（1）伤员恢复自主呼吸、心跳或有其他反应；

（2）专业医护人员到场接替；

（3）当前抢救环境不安全，威胁到救护人员生命时；

（4）救护人员体力不支，无法坚持时。

第二节　自动体外除颤仪的使用

☆ 重点　掌握自动体外除颤仪的使用方法。

ⓘ 难点　了解自动体外除颤仪使用时的特殊情况。

相关操作扫码观看

一、概述

自动体外除颤仪（Automated External Defibrillator，AED）已成为院前急救的重要组成部分，可以提高院前急救的成功率。心肺复苏术与AED结合使用，能为挽救生命提供最佳的可能性。AED操作简便，开启AED的电源后，请立即按照语音提示进行操作。AED将分析伤员是否需要电击，如果需要，将自动充电给予一次电击或语音提示需要给予电击操作。

二、自动体外除颤仪的使用步骤

（一）开启AED电源

（1）按"开启"按钮或掀开盖子以接通AED的电源。

（2）开启AED后，将听到语音提示，按照语音提示进行后续操作。

开启AED

（二）粘贴电极片

（1）撕去电极片膜，按照电极片上的图示，将电极片贴于伤员裸露的胸部。

（2）将一片电极片贴于伤员右锁骨正下方；另一片电极片贴于左乳头外侧，左腋前线之后第五肋间处。

（3）将AED电极片连接线接到AED装置上（有些AED电极片已预先连接好）。

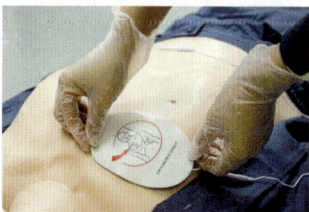
按图示粘贴电极片

（三）根据AED分析结果进行操作

使用AED分析心律。如果建议电击，救护人员应大声提醒："所有人远离伤员。"在按下"电击"按钮前，应确保没有任何人正在接触伤员；电击后马上继续实施心肺复苏。如果不需电击，救护人员应立即实施心肺复苏术。

确保无人接触伤员

（四）AED的再判断

约5个30∶2按压呼吸循环或2分钟后，AED将再次分析心律，而后提示是否再次进行除颤操作。

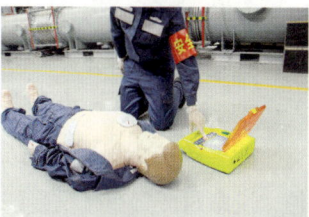
根据语音提示进行除颤

三、AED使用时特殊情况

在放置AED电极片之前，应充分考虑的特殊情况及解决方法见下表。

特殊情况	解决办法
伤员胸部存在可能导致电极片无法粘贴的毛发	↗ 可使用AED携带箱中的剃刀，快速剃掉电极片放置位置的毛发。 ↗ 如果另有一组AED电极片，可用它们除去毛发：①粘贴电极片后，用力向下压紧电极片；②然后用力撕掉电极片，以除去毛发；③重新在裸露的皮肤上粘贴另一组电极片

续表

特殊情况	解决办法
伤员躺在水中	快速将伤员移至干燥区
伤员躺在雪地里或者小水坑中	↗ 可使用AED（伤员胸部不必完全干燥）。 ↗ 如果伤员胸部浸满水或有汗液，请在粘贴电极片前快速擦拭胸部
伤员胸部有水	在粘贴电极片前，快速将胸部擦干
伤员已植入除颤器或起搏器	不要直接将电极片贴在植入装置上，应避开植入装置粘贴
在放置电极片的位置有药物贴片	↗ 不要直接将电极片贴于药物贴片上。 a. 撕掉药物贴片。 b. 将该位置擦拭干净。 c. 粘贴电极片

第三节　心肺复苏术体位

🔅 **重点**　熟练心肺复苏术体位操作步骤。

ⓘ **难点**　了解不同复原体位注意要点。

相关操作扫码观看

一、概述

如果救护人员判断伤员无意识、无呼吸或呼吸异常，应将伤员置于心肺复苏术体位，注意对怀疑有颈椎受伤的伤员，翻转身体时要使其头颈背部呈轴向转动，以免导致脊髓损伤。

二、常见心肺复苏术体位类别

（一）救护人员位置

现场救护人员位于伤员一侧，通常位于右侧，近胸部部位。

心肺复苏救护人员体位

（二）复苏体位

如果伤员处于俯卧位或其他不宜进行心肺复苏术体位，应将伤员翻转至复苏体位。

（1）救护人员应在伤员的一侧，将其双上肢向头部方向伸直，将对侧小腿放于同侧的小腿上，呈交叉状。

（2）再用单手托住伤员的头枕部，另一只手放置其对侧腋下，使伤员整个身体转向救护人员一侧，并置于仰卧位。

（3）将伤员双上肢放置于身体两侧。

将伤员翻转至复苏体位

（三）复原体位

1. 常规复原体位（卧位、侧卧位）

适用于呼吸和循环恢复的伤员，或者无意识但呼吸正常的伤员。

（1）将伤员靠近救护人员一侧的前臂屈曲置于头部侧方。

（2）将伤员对侧手臂屈曲置于脸面部，将其对侧膝关节弯曲。

（3）救护人员一手扶住伤员肩部，另一手扶住膝部，将伤员侧卧。

（4）将伤员一手掌置于面颊下方，开放气道。

（5）将伤员上方的腿屈曲，支撑在下方腿的前方。

常规复原体位，保持气道开放

2. 其他复原体位

（1）头低脚高位。适用于晕倒的伤员。伤员仰卧，救护人员将其头部放低并偏向一侧，下肢抬高。

（2）半卧位。适用于呼吸困难的伤员。伤员上半身约呈45度角斜倚靠在靠背上。

（3）中凹卧位。适用于休克伤员。将伤员头及下肢抬高，有利于气道畅通和下肢静脉回流，能够增加回心血量。

头低脚高位

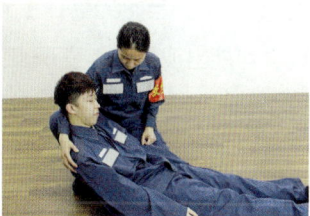

半卧位

中凹卧位

第四章
电力作业中的常见创伤

第一节　常用的止血方法

> 🎯 **重点**　熟悉出血的类型及止血方法的使用范围。
> ① **难点**　掌握出血的表现及止血的各种操作方法。

相关操作扫码观看

一、概述

心脏通过节律性的收缩为身体输送血液，血液沿着遍布全身的血管网络流动。出血是指血管破裂导致血液流至血管外。擦伤、撞伤、锐器割伤等都可导致出血，出血过多可危及生命。现场及时有效的止血，可减缓出血，保持血容量，防止失血性休克，挽救生命，减少伤亡。

人体内的血液量大约占体重的7%~8%。失血速度和容量是影响伤员生命健康的重要因素。失血较少，不超过总血量的10%，可通过身体的自我调节，很快恢复；而突然失血超过20%（约800毫升）会出现脉搏细速，脸色苍白；当失血超过40%（约1600毫升）时，可能出现昏迷，意识丧失，甚至危及生命。

（一）出血类型

1. 根据出血部位分类

（1）外出血。血液经伤口流到体外，在体表可看到出血。外出血是人体受外力作用后血管破裂造成，外观显而易见。

（2）内出血。血液流到组织间隙、体腔或皮下，形成脏器血肿、积血或皮下瘀血。内出血多因跌、撞、挤、挫伤造成。意外事故当中最容易引起内出血的内脏是肝、脾、肾。严重内出血常因不易察觉而隐匿凶险。

2. 根据血管类型分类

（1）动脉出血。动脉血含氧量高，血色鲜红。动脉血液流速快，压力高。动脉一旦受到损伤，出血可呈涌泉状或随心脏搏动节律性喷射。大动脉出血可导致循环血容量快速下降。

（2）静脉出血。静脉血含氧量少，血色暗红。静脉血流速度较慢，压力较低，但静脉血管管径较粗，能存较多的血液，当曲张的静脉或大的静脉损伤时，血液也会大量涌出。

（3）毛细血管出血。任何出血都包括毛细血管出血。开始出血速度较快，血色鲜红，但出血量一般不大。身体受到撞击可引起皮下毛细血管破裂，导致皮下瘀血。

（二）止血材料

救护人员在为伤员止血时要采取防止感染的措施，如处理伤口前应洗手，尽可能戴医用手套或不透水的塑料手套，戴口罩，必要时戴防护眼镜或防护罩；处理伤口时要保护伤口，防止自身感染和感染扩散；处理伤口后要用肥皂、流动水彻底洗手；如自己的皮肤被划伤，应尽快就医，并采取必要的免疫措施。

医用材料	就地取材的材料	不能用来止血的材料
无菌纱布、敷料，创可贴、橡胶止血带、表式止血带三角巾、绷带等	衣服、毛巾、手帕、领带、宽布条（将布料折成三四横指宽）	电线、鞋带、皮带、绳子、铁丝等太细而且没有弹性的材料，容易造成皮肤甚至表浅组织损伤

常见止血材料

二、外出血止血方法

大出血可使伤员迅速陷入休克，甚至死亡，必须及时止血。常用的止血方法有直接压迫止血法、指压止血法、加压包扎止血法、填塞止血法和止血带止血法等。

（一）直接压迫止血法

救护人员在出血部位覆盖敷料，用手平整部位或手掌直接加压。如血止不住，需再增加一块敷料进行加压，直到止住血。注意敷料一旦放置到位，请勿取下。

（二）指压止血法

救护人员首先通过直接压迫出血部位进行止血，如压迫后仍有出血，可根据动脉的体表投影，用手指压迫伤口近心端的供血动脉阻止动脉血运，达到临时快速止血的目的。

指压止血法操作方法

出血部位	操作方法	图例
头部出血	可用食指或拇指压迫出血部位同侧耳屏前方搏动点（颞浅动脉）止血	
颜面部出血	可用食指或拇指压迫出血部位同侧下颌角下缘，下颌角前方3厘米处（面动脉）止血	
头颈部出血	用拇指或其他四指触及同侧甲状软骨、环状软骨外侧与胸锁乳突肌前缘之间沟内搏动处（颈动脉），向颈椎方向压迫止血。 注意：非紧急情况勿用此方法，而且不能两侧同时压迫	
肩腋部出血	可用拇指压迫同侧锁骨上窝中部的搏动点（锁骨上方动脉）止血	
前臂出血	可用拇指或其他四指压迫上臂内侧肱二头肌内侧沟处的搏动点（肱动脉）止血	
手部出血	可用两手拇指分别压迫手腕横纹稍上方内外侧各一搏动点（桡动脉/尺动脉）止血	
大腿以下出血	↗ 自救时可曲起大腿，使肌肉放松，用拇指压迫大腿根部腹股沟中点稍下方的搏动点（股动脉）止血，为增强压力另一手拇指可重叠压迫。 ↗ 互救时可用手掌压迫，另一手压在其上进行止血	

续表

出血部位	操作方法	图例
足部出血	可用两手食指或拇指分别压迫足背中间近脚腕处（足背动脉）和足跟内侧与内踝之间止血	

（三）加压包扎止血法

一般小动脉和静脉损伤出血宜用此法。

1. 加压包扎止血法操作方法

（1）将无菌或干净敷料覆盖伤口，外加敷料垫，再以绷带加压包扎。

（2）包扎后将伤肢抬高，以减少出血。

将无菌敷料覆盖伤口

2. 注意事项

（1）敷料大小要超过伤口边缘至少3厘米。

（2）包扎后检查肢体末端血液循环。

（四）填塞止血法

填塞止血法适用于肌肉、骨端的出血。

包扎后检查肢体末端血液循环

1. 填塞止血法操作方法

用无菌或干净敷料（如果现场缺乏，宜用干净的布料代替）填塞在伤口内，再加压包扎。

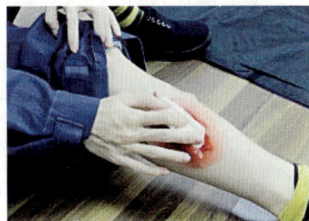

2. 注意事项

（1）此法止血不彻底，且会增加感染机会。

（2）填塞物越干净越好。

（3）填塞物不宜全部置于伤口内，最好留一部分在伤口外方便取出。

（4）填塞多少块布，须取出多少块布。禁止布块滞留体内。

填塞止血

（五）止血带止血法

用止血带在出血部位的近心端，将肢体用力绑扎，以阻断血流从而达到止血的目的。止血带止血法适用于加压止血无法控制出血以致危及生命，或不能使用直接压迫止血（如有多处损伤、不易处理的伤口等）情况。

1. 止血带材料

（1）紧急情况下可用橡皮管、三角巾、宽布带、绷带或毛巾等替代。

（2）禁用细绳、电线、铁丝当作止血带使用。

2. 上止血带部位

（1）上肢大出血于上臂上1/3处，约距离腋窝一横掌处。

（2）下肢大出血于大腿上中1/3处。

上止血带位置

3. 止血带止血法操作方法

抬高伤肢，使静脉血回流一部分；在上止血带的部位用布巾或纱布衬垫，以减少对软组织的损害。

（1）橡皮管止血带。

1）救护人员以左手拇指、食指、中指持止血带的头端。

2）将止血带长的尾端绕伤肢一圈后压住头端，再绕伤肢一圈。

3）然后用左手食指和中指夹住尾端，将尾端从止血带下方拉过，由另一缘牵出，使之成一活结。

4）如需放松止血带，只需将尾端拉出即可。

宽布条止血带

上止血带后标注时间

（2）宽布条止血带。

1）将宽布条两端从上往下环绕肢体，在肢体下方交叉后提起。

2）在肢体正上方打第一个结，留出约两指空隙，接着打另一个活结。

3）将一绞棒插在活结的外圈内，向外提起绞棒并旋转，绞紧至伤口停止出血为度。

4）将绞棒另一端插入活结的内圈固定，拉紧活结固定绞棒，两端的布条在绞棒的两端缠绕并打结固定。

4．注意事项

（1）止血带缚扎不必过紧，以能止住出血为度。

（2）每隔30~40分钟放松止血带3~5分钟，止血带使用时间最长不超过2小时。

（3）停用止血带时，应缓慢放松，防止血压下降。

（4）放松止血带过程中，如仍有活动性出血，可用手指压迫出血动脉进行临时止血或持续加压止血，3~5分钟后再在该平面上方或下方绑扎，禁止在同一部位反复绑扎。如已不出血，则无须继续使用，密切观察。

（5）止血带上必须注明开始时间、部位、放松时间，并优先转送该类伤员。

（6）伤员转运途中应观察止血带是否脱落及严密观察其伤肢情况，如伤肢有剧痛、发紫、变黑，说明止血带绑扎过紧，应予以调整。

（7）伤肢远端明显缺血或有严重挤压伤时，禁用此方法。

三、内出血止血方法

重要器官内因积血而受到压迫会危及生命，如胸腹腔内、心包内及颅内出血等。严重的内出血常导致低血容量性休克。如果伤员出现休克症状但在体表见不到出血，应怀疑有严重内出血。

1．内出血原因

内出血常因高处坠落、撞击、挤压等外伤造成。

2．内出血的外在表现

伤员外观检查可能无出血，但常表现为精神紧张、烦躁不安、皮肤苍白、冷汗、四肢厥冷、脉搏细弱、呼吸加快，甚至出现神志不清等休克表现。

伤员平卧，下肢抬高

3．内出血止血操作方法

此时应迅速使伤员平卧，下肢抬高15~20度。另外应注意为伤员保暖，并迅速将其送医院救治。

伤员保暖

4．注意事项

若转送医院路途较远可给清醒伤员饮用少量盐水或糖盐水。

第二节　常用的包扎方法

☼ 重点　掌握各种材料的包扎方法。
ⓘ 难点　掌握正确的包扎方法及注意事项。

相关操作扫码观看

一、概述

包扎是开放性创伤处理中较简单却行之有效的保护措施。及时正确的包扎，可以达到压迫止血、减少感染、保护伤口、减少疼痛，以及固定敷料和夹板等目的。

在创伤急救现场，不能只顾包扎表面能看到的伤口而忽略身体内部的损伤。同样是肢体上的伤口，是否伴随骨折，所采用的包扎方法有所不同。

如有骨折时，应考虑到固定骨折部位，并选择正确的包扎方法。如果伴随内部脏器的损伤，如肝破裂、血胸等，则应优先考虑内脏损伤的救治。如出现头部擦伤合并颅脑损伤，除包扎止血外，还需要加强监护；对于头部受撞击后自觉良好的伤员，仍需观察24小时，期间如出现不适须立即送院紧急救治。

> ◇ 注意　在对伤员的伤口进行包扎之前，要检查有没有其他部位的损伤，特别是比较隐蔽的内脏损伤。

伤口受到污染或有物质残留时，现场有条件的要进行消毒，消毒程序如下：

（1）先用生理盐水清洗，也可用饮用水或蒸馏水代替，在有条件的情况下尽量不使用自来水；

（2）然后用过氧化氢（双氧水）冲洗，尤其是伤口比较长而深时；

（3）再次用生理盐水或饮用水、蒸馏水冲洗；

（4）用碘伏消毒；

（5）包扎伤口。

针对不同伤口应选用不同的消毒药水，具体见下表。

名　称	作　用
过氧化氢（双氧水）	适合于伤口较深或受泥土污染的伤口。可以预防包括破伤风杆菌在内的厌氧菌感染。皮肤消毒后，要尽快冲洗干净，过氧化氢（双氧水）残留会造成红肿及起泡。长期接触会造成刺痛及暂时性变白，冲洗干净2~3小时可恢复。若伤员需送医治疗，不建议常规应用，以免给后续处理带来麻烦
酒精	可用于包括皮肤消毒、医疗器械消毒、碘酒的脱碘等灭菌消毒。具有刺激性，不可用于黏膜和大创面伤口的消毒
碘酒	也叫碘酊，碘和碘化钾的酒精溶液。可治疗多种细菌性、真菌性、病毒性等皮肤病。氧化性较强，不可用于伤口、黏膜消毒
碘伏	具有广谱杀菌作用，可用于皮肤、黏膜的消毒

二、包扎材料及操作要点

常用的包扎材料有创可贴、尼龙网套、绷带、三角巾及简易器材，如毛巾、头巾、衣服等。

（1）创可贴：自黏性很强，透气性也很强。

（2）尼龙网套：有较好的弹性，使用方便，头部及肢体都可适用。

（3）绷带：长带形，有不同的规格可供选择。

（4）三角巾：现场急救中较通用的材料，适合全身各部位的包扎。现场可利用衣服、毛巾、床单、窗帘做成三角巾。

创可贴

尼龙网套

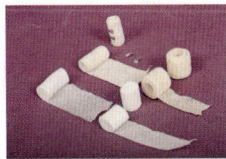
绷带

三角巾

包扎操作要点：

快 动作敏捷迅速

准 部位准确、严密

轻 动作轻柔，不要碰撞伤口

牢 包扎牢靠，过紧可影响血液循环，过松易造成敷料脱落

三、常用包扎方法

（一）创可贴、尼龙网套包扎法

1. 创可贴包扎法

（1）打开创可贴后，应避免污染药面。

（2）敷贴时，药面对准伤口，贴好后在伤口的两侧稍微加压。

（3）包扎不能太紧，以免伤口不透气导致创面感染加重。

2. 尼龙网套包扎法

（1）根据受伤部位选择合适的尼龙网套。

（2）用敷料覆盖伤口并固定。

（3）再将尼龙网套套在敷料上。

（4）检查血液循环。

（二）绷带包扎法

1. 包扎方法

（1）环形包扎法。绷带包扎中最基础、最常用的方法。适用于一般小伤口的包扎。

环形包扎法

具体操作：一手将绷带开端固定在敷料上，另一手持绷带卷绕肢体紧密缠绕3~4层后固定。

（2）螺旋包扎法。用于肢体粗细基本相同的部位，如肢体、躯干等处。

具体操作：①用敷料覆盖伤口，用环形包扎固定；②将绷带按一定间隔向上作螺旋形缠绕肢体。环绕时压住上一圈的1/2或1/3；③完全覆盖伤口及敷料后，用胶布将带尾固定或打结固定。

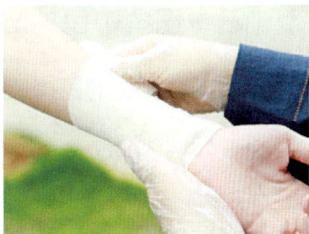

螺旋包扎法

（3）螺旋反折法。用于肢体粗细不等的部位，如小腿、前臂等处。主要适用于纱布绷带（非弹性绷带）。

具体操作：①用环形法固定始端；②螺旋方法每圈反折一次，反折时，以拇指按住绷带上面的正中处，另一手将绷带向下反折，向后绕并拉紧。注意反折处不要在伤口上。

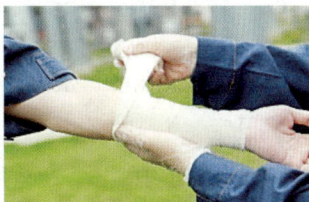

螺旋反折法

（4）"8"字形包扎法。多用于肩、肘、膝、踝等关节部位。

具体操作：①包扎从伤口处下端开始，先环形缠绕1圈；②绕关节上下以"8"字形缠绕；③最后绷带尾端固定。

（5）蛇形包扎法。多用在夹板的固定上。

具体操作：①用环形法固定始端；②按绷带之宽度作间隔斜着缠绕；③以环形法固定绷带尾端。

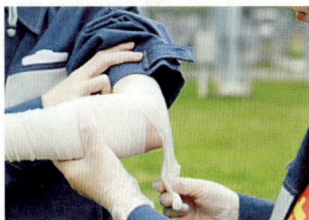

"8"字形包扎法

（6）回返式包扎法。多用于头和断肢残端的包扎。

具体操作：①用环形法固定始端；②左手拇指固定绷带，右手将绷带向上反折与环形包扎垂直，先覆盖残端中央；③左手四指再次固定绷带，右手将绷带向后反折交替覆盖左右两边至完全覆盖敷料；④将绷带从远心端到近心端简单螺旋，最后在反折处环形固定。

蛇形包扎法

2. 绷带操作要点

（1）救护人员要面向伤员，从远端到近端缠绕。

（2）包扎时松紧度要适中，以免过度松动导致敷料滑脱，过度压迫容易导致组织坏死。

（3）包扎关节时，应保持关节功能位。如使肘关节屈曲，保持上臂与前臂呈90度；包扎膝部关节时，膝部微屈即可。

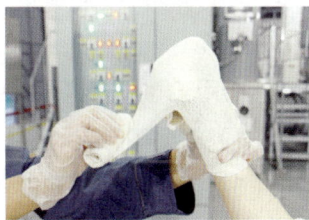

回返式包扎法

（三）三角巾包扎法

适用于各部位的包扎，操作简便，材料简单。

1. 头顶帽式包扎法

适用于头顶、额头受伤时。

（1）用无菌敷料覆盖伤口。

（2）将三角巾的底边向内折叠约两横指宽，置于前额眉处，顶角向后覆盖头部。

（3）两底角经耳上方向后拉至枕部下方，左右交叉压住顶角，再绕至前额相遇时打结固定。

（4）将顶角拉紧，折叠后掖入头后部交叉处。

无菌敷料覆盖伤口

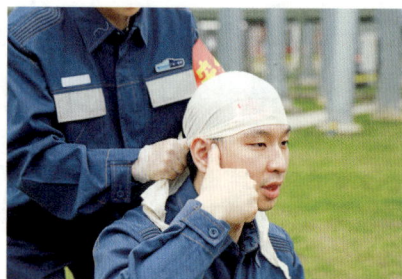

头顶帽式包扎法

2. 头顶风帽式包扎法

适用于头顶受伤时。

（1）用无菌敷料覆盖伤口。

（2）将三角巾对折，底边中央打结。

（3）用三角巾测量头部大小。

（4）在顶角打结。

（5）将顶角结放在额前，底边结放在后脑勺下方，包住头部。

头顶风帽式包扎法（正面）

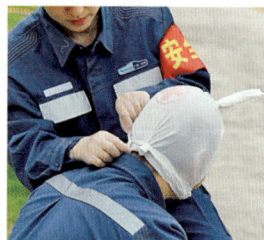

头顶风帽式包扎法（背面）

（6）将底边两端拉紧向外反折，再向前包住下颌部，最后绕到枕后部底边结的上方打结固定。

3. 面具式包扎法

适用于颜面部受伤时。

（1）用无菌敷料覆盖伤口。

（2）将三角巾顶角打一结，结头放在下颌处，也可放在额顶部。

（3）将底边左右角提起拉枕后部，交叉压住底边。

（4）再经两耳上方绕到前额打结，包好后，在眼、鼻、口部位分别剪开洞口即可。

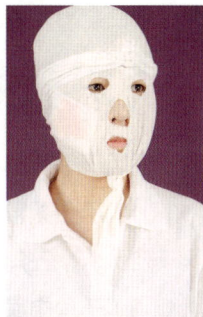

面具式包扎法

4. 单眼包扎法

适用于一侧眼睛受伤时。

（1）用无菌敷料覆盖伤口。

（2）将三角巾折叠成四指宽的带状，斜置于伤眼部。

（3）从伤侧耳下绕枕后，在耳下反折。

（4）经过健侧耳上拉至前额与另一端交叉反折绕头一周，于伤侧耳上端打结固定。

单眼包扎法

5. 双眼包扎法

适用于双眼受伤时。

（1）用无菌敷料覆盖伤口。

（2）将三角巾折叠成四指宽的带状，中央置于后颈部。

（3）两底角分别经耳下拉向眼部，在鼻梁处左右交叉包紧两眼。

（4）成"8"字形经两耳上方在枕部交叉后打结固定。

双眼包扎法

6. 单肩包扎法

适用于一侧肩膀受伤时。

（1）用无菌敷料覆盖伤口。

（2）三角巾折叠成燕尾式，燕尾夹角约90度。

（3）大片在后压小片，放于肩上，燕尾夹角对准颈部。

（4）两燕尾角分别经胸、背部至对侧腋下打结固

单肩包扎法

单侧胸部包扎法

定，燕尾底边两角包绕上臂上部，在外侧打结固定。

7. 单侧胸（背）部包扎法

适用于单侧胸（背）受伤时。

（1）用无菌敷料覆盖伤口。

（2）取来三角巾，将底边向上反折置于胸部下方。

（3）三角巾底边经上腹部绕至背部打结。

（4）将顶角经肩部拉向背部与底边打结固定。

单侧背部包扎与胸部相同，只是包扎部位不同，于胸前打结固定。

单侧背部包扎法

8. 双侧胸（背）部包扎法

适用于双侧胸（背）受伤时。

（1）用无菌敷料覆盖伤口。

（2）三角巾折叠成燕尾式，燕尾夹角约为100度。

双侧胸部包扎法

双侧背部包扎法

（3）置于胸前，燕尾底边绕至背后打结（底边长度不够时可在短头接绳延长）。

（4）将燕尾角系带拉紧绕横带后上提，再与另一燕尾角打结（呈V形打结）。

（5）背部包扎时，把燕尾角调到背部即可。

9. 腹部包扎法

适用于腹部受伤时。

（1）用无菌敷料覆盖伤口。

（2）三角巾底边向上，顶角向下横放在腹部。

（3）两底角围绕到腰侧部打结。

（4）顶角接系带后经两腿间向后拉与两底角连接处打结固定。

腹部包扎法

10. 单侧臀部包扎法

适用于单侧臀部受伤时。

（1）用无菌敷料覆盖伤口。

（2）三角巾直角的位置先接系带，打结的位置放在

单侧臀部包扎法

伤员腰椎位置。

（3）系带一端与三角巾底角打结固定。

（4）将另一底边拉紧，从胯下穿过绕回前方。

（5）在前方放置石头等硬物，底边绕紧该硬物；做一假纽扣结固定。

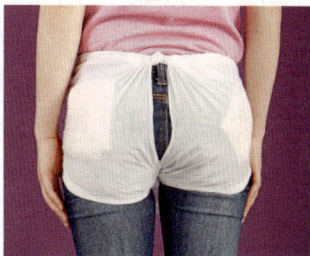

蝴蝶巾

11. 双侧臀部包扎法

适用于双侧臀部受伤时。

（1）用无菌敷料覆盖伤口。

（2）采用蝴蝶式包扎方法，用两块三角巾的顶角即直角位置相连接，做成蝴蝶巾。

（3）将蝴蝶巾的连接处放于腰间，绕到前方打结固定。

（4）另外两角从胯下穿过，绕至前方做两个假纽扣结固定。

双侧臀部包扎法

12. 手（足）部包扎法

适用于手（足）部受伤时。

（1）用无菌敷料覆盖伤口，指（趾）缝间用敷料隔开。

（2）三角巾展开，指（趾）尖对向三角巾顶角。

（3）将顶角折回，盖于手（足）上。

（4）两底角在手（足）上方左右交叉，再在腕（踝）部围绕一圈后，在腕部背侧或踝部前方打结。

（5）小心剪开指（趾）末端布料，观察末端血液循环是否良好。

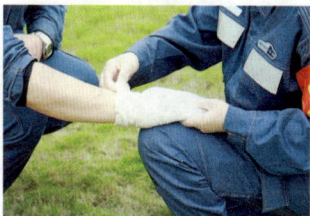

手部包扎法

13. 手臂吊挂法

适用于手部大面积烧伤或伤口较大时。

（1）用无菌敷料覆盖伤口。

（2）将三角巾展开，底边面向伤员内侧覆盖于伤肢上。

（3）拉着顶角沿肢体环绕。

（4）顶角系带打结固定。

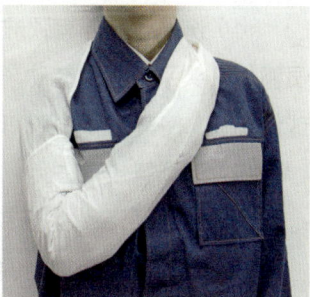

手臂吊挂法

14. 膝部包扎法

适用于膝盖受伤时。

（1）用无菌敷料覆盖伤口。

（2）将三角巾折叠成适当宽度的条带，内侧留长，外侧留短，覆盖于膝部。

（3）两端向后在腘窝处交叉，返回时分别压在三角巾的上下两边。

（4）包绕伤肢一圈后在外侧打结固定。

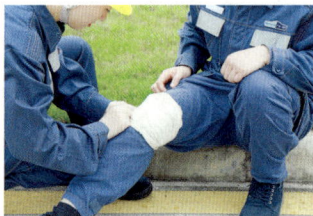

膝部包扎法

（四）特殊伤口包扎

1. 开放性气胸

当胸壁有伤口时，胸膜腔与外界相通致使胸膜腔负压消失，空气可自由进出胸膜腔，出现气胸症状。伤情严重时甚至可致伤员昏迷、死亡。

应尽快将开放性伤口变为闭合性伤口。用保鲜膜或塑料袋等清洁敷料覆盖伤口，三边封固包扎，接着用三角巾进行胸部包扎。

2. 颅外伤

（1）迅速了解受伤原因、受伤时头部位置、头部外伤的着力点及对侧伤情。

（2）病情判断：了解有无昏迷及昏迷时间长短；了解呼吸道有无异物阻塞及分泌物，若没有呼吸或呼吸缓慢应立即开放气道；颈动脉触不到搏动时应立即给予胸外心脏按压。

颅外伤

（3）伤员颅脑外伤时，病情复杂多变，应禁止其饮食，观察瞳孔、意识变化，迅速送医院救治。

（4）伤员可能伴有颈椎、胸椎损伤时，不能轻易搬动其头颈部，必须移动时应将伤员躯体和头颈部同时转动，固定后再行搬运，保持头高15~30度。昏迷伤员应置于侧卧或仰卧位，使其头偏一侧，以防呕吐误吸。

（5）现场急救方法。

1）使伤员平卧，解开其衣领，清除其口腔内异物、分泌物等保持呼吸道通畅。

2）制止活动性出血，局部创面采用无菌纱布加压包扎止血，对有头皮撕脱伤的伤员还要保护撕脱的头皮，在初步清洁、消毒后置于无菌、无水及低温（2~3摄氏度）密封条件下保存，随伤员一同送至医院救治。

3）伤员耳鼻有液体流出时，不可用纱布、棉球填塞，只可轻轻拭去。创口内有碎骨片或异物，切不可摇动或拔出，可用无菌纱布覆盖，相应包扎固定。

3. 肢（指）体离断

应将离断肢（指）断面用无菌敷料包扎止血，减少污染。离断肢（指）用无菌敷料或清洁布类包裹，放置塑料袋中，低温（约4摄氏度）干燥保存。随伤员一同送至医院。离断肢体切忌用任何液体直接浸泡。

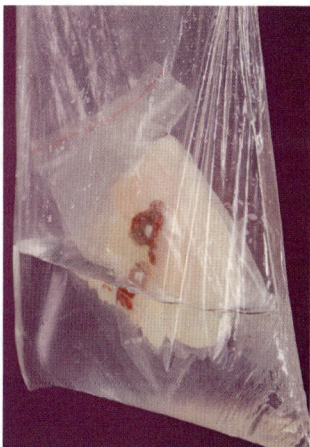

离断肢（指）体

四、包扎注意事项

（1）包扎前要先放敷料，再进行包扎。敷料应超过伤口边缘至少3厘米。

（2）包扎后时刻注意检查肢体血液循环，避免包扎过紧造成肢体缺血而坏死。

（3）除非有损伤，不要将细带缠绕手指、足趾末端，以便观察血液循环。

（4）包扎后应避开伤口打结固定。

第三节　不同部位的骨折固定方法

☆ 重点　掌握四肢骨折固定方法。

ⓘ 难点　熟悉脊柱骨折固定操作要点。

一、概述

现场骨折固定能迅速减轻伤员疼痛，减少出血，防止损伤血管、神经、脊髓和内脏等重要组织，有利于伤员转运后的入院治疗。

成人的骨骼支架由206块大小、形状不同的骨头通过关节连接构成。正常情况下，骨头是很坚硬的，但当身体受到外力的猛烈撞击、旋转、弯曲和过分的牵拉，使骨头的连续性、完整性受到破坏时称为骨折。

（一）骨折原因

1. 直接暴力

暴力直接作用于骨头上而发生的骨折，如蒸汽切割所致的骨折。

2. 间接暴力

发生在非作用力处的骨折，如高处坠落伤员的脚或臀部着地而脊椎压缩性骨折等。

3. 肌牵拉力

肌肉的动作与骨的活动方向突然不一致所致的骨折，如在骤然跌倒时，股四头肌猛烈牵拉致使髌骨发生骨折。

（二）骨折分类

1. 根据是否与外界相通分类

（1）闭合性骨折。骨折断端与外界不相通；骨折处的皮肤没有破损，受伤部位可能出现严重肿胀或瘀伤。

（2）开放性骨折。骨折断端与外界相通；骨折局部皮肤破裂损伤，骨折端暴露在空气中。

2. 根据骨折的程度和形态分类

（1）不完全性骨折。

1）裂缝骨折。多见于肩胛骨、颅骨处。

2）青枝骨折。多见于儿童。

（2）完全性骨折。

1）粉碎性骨折。骨折片块状碎裂成三块以上。

2）嵌顿性骨折。断骨两端互相嵌在一起。

二、骨折的判断及固定目的

（一）骨折的判断

（1）疼痛。剧痛，伤处有压痛点，移动时痛感加剧；少数人骨折后无疼痛，表现为局部麻痹无力。

（2）肿胀。血管破裂出血，软组织损伤导致肿胀。

（3）畸形。肢体短缩、弯曲或转向。

（4）功能障碍。骨折处活动受限，如上肢骨折时不能屈伸、握拳等。

（5）神经、血管检查。判断末梢循环情况。可通过触摸脉搏来判定，或观察其手指、脚趾感觉、活动度及皮肤颜色。

（二）固定目的

骨折急救的目的是用最简单而有效的方法抢救生命、保护患肢、迅速转运，以便伤员尽快得到处理。

固定是骨折急救中的重要环节，可以防止搬运伤员过程中骨折端对血管、神经和内脏的损伤，同时减轻疼痛，便于运送。

（三）骨折固定原则

（1）暴露在外面的骨折端，不能拉动，不要送回伤口内，不要涂抹药物。应先止血再固定。

（2）夹板的长度至少要超过骨折处上下相邻的两个关节。

（3）四肢骨折时，先固定骨折处上端，再固定下端，绑带不能直接绑在断处。

（4）在骨折空隙部位、摩擦部位加上衬垫。

（5）应观察暴露肢体末端血液循环。

（四）固定材料

固定时可用夹板或就地取材选用木板、木棍、树枝、硬纸板等。肢体骨折时，可用夹板或木棍、竹竿等将断骨上下方的两个关节一同固定。若无任何可利用的固定材料，上肢骨折可将患肢固定于胸部，下肢骨折可将患肢与对侧健肢捆绑固定。

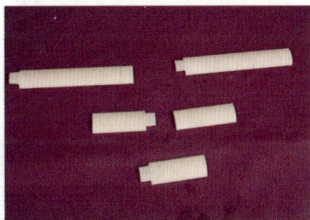

四肢骨折固定木板

（1）颈椎骨折：使用颈托固定。

（2）四肢骨折：宜使用夹板固定；如无专用夹板，可就地取材，用树枝、木棍、竹竿、硬纸板、杂志、衣服、木板等代替。

（3）覆盖伤口材料和衬垫：使用医用纱布、急救箱敷料，或用干净衣服、毛巾、手帕等代替。

（4）固定条带：使用绷带、布条、绳带等。

颈托固定

三、各部位骨折现场固定方法

（一）颅骨骨折的现场固定方法

颅脑皮肤血运丰富、外伤后出血较多，常伴有颅骨骨折和颅脑损伤。颅骨骨折时头部在外力作用下造成的，但它不能当成单纯的骨折对待，根据部位的不同，可能对人的大脑造成不同程度的影响，要重视颅骨骨折。现场救护方法如下。

（1）迅速了解受伤原因、受伤时头部位置、头部外伤的着力点及对侧伤情。头部伤口按照第四章第二节颅外伤处理。

（2）如有耳、鼻漏液说明有颅底骨折，应禁止堵塞耳道和鼻孔，以防颅内感染及颅内压力增高。现场用无菌敷料或干净布块将耳朵、鼻孔周围的血液及污染物擦拭干净。

（3）伤员可伴有颈椎、胸椎损伤，按下面脊柱骨折固定方法操作。

（4）颅骨骨折伤员病情复杂多变，应迅速送往医院进行救治。

（二）脊柱骨折的现场固定方法

常见于高处坠落伤，交通意外及地震、坍塌中的砸伤。常发生于颈椎和胸腰椎。现场应采用颈托、铝芯塑形夹板、充气颈托、自制颈托、脊柱板固定。

用颈托固定颈椎骨折伤员

1. 颈椎骨折的现场固定方法

（1）症状：颈部疼痛、头晕、麻痹、无力。严重者可能出现高位截瘫、大小便失禁，甚至窒息死亡。

（2）现场救护方法。

1）伤员处于平卧位时救护人员双膝跪在伤员头顶上方，双手牵引其头部保证伤员头部处于中轴位，再行固定。

2）伤员处于身体前倾坐位时一名救护人员位于伤员侧面，双前臂夹紧伤员前胸后背，固定其颈部；另一名救护人员位于伤员背后，用双手牵引伤员头部，确保伤员头部恢复颈椎轴线位，再上颈托。

（3）注意事项：伤员要有自我保护意识，绝对不能活动颈部。颈椎骨折最好由专业救护人员固定。

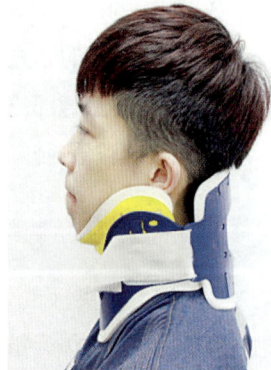

用胸背锁固定颈椎骨折伤员

2. 胸腰椎骨折的现场固定方法

（1）症状：腰背疼痛，伴有双下肢麻痹，运动障碍。

（2）现场救护方法。

1）同颈椎骨折固定方法，但不用上颈托。

2）伤处和身体的空隙部位加上衬垫。

3）双手用条带固定于身体前方。

4）保证脊柱同一轴线，不能弯曲，以防压迫脊髓引起瘫痪。

脊柱板固定

（三）肋骨骨折的现场固定方法

常见于车祸、挤压伤、锐器伤和摔倒胸部着地。骨折时可单根或多根肋骨骨折。

（1）症状：青紫、血肿，剧烈疼痛。有出血，伤口可有气泡或发出"吱吱"声响，呼吸困难。

（2）现场救护方法。

1）闭合性骨折：①用宽大敷料覆盖骨折处；②用宽带从躯干下端开始到上端进行固定。③在健侧腋前线或腋后线打结。

2）开放性骨折：①覆盖敷料，进行止血包扎；②当伤口得到保护后，视情况对骨折部位进行固定。

（3）注意事项：意识不清醒或严重呼吸困难者，应摆成复原体位，伤侧朝下。

（四）下颌骨骨折的现场固定方法

常见于外力作用，如车祸时撞到硬物。现场救护方法如下。

（1）清醒者采用前倾位。

（2）清除口腔内异物并止血。

（3）用充分的软垫保护下颌部并用窄带固定。

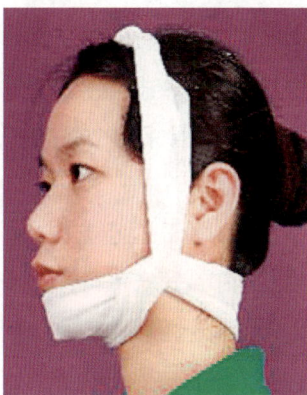
下颌骨骨折固定

（五）锁骨骨折的现场固定方法

（1）多见于车祸或摔伤。

症状：锁骨变形、疼痛、肿胀，且肩部活动时加

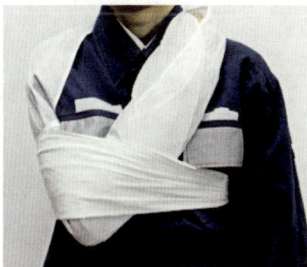
锁骨骨折固定

重；伤员本能地将头偏向伤侧肩膀，自行托住肘部。

（2）现场救护方法。

1）在患侧腋下放置大片软垫。

2）用三角巾悬挂患侧上肢。

3）用宽布条把患侧上臂固定于躯干上，结打于健侧。

（3）注意事项：不可尝试任何复位手法；转运时伤员应使其处于坐位。

（六）肱骨骨折的现场固定方法

（1）症状：肿胀、剧痛、畸形、功能障碍；受到牵扯时，肢体可无法移动。

（2）现场救护方法。

1）夹板固定方法：①屈肘成90度，自行托住患侧前臂；②在身体和伤处放置厚衬垫，以防损伤桡神经；③两块夹板分别置于上臂内外两侧；④用三角巾或绷带分别固定断处上下两端；⑤露出手指观察伤肢血液运行。

2）纸皮固定方法：现场如无夹板，则用杂志、报纸、纸板固定。将一叠报纸、杂志或硬纸皮调节成超相邻两个关节长度。

3）躯干固定方法：用三角巾或宽布带将骨折上臂固定于胸廓。

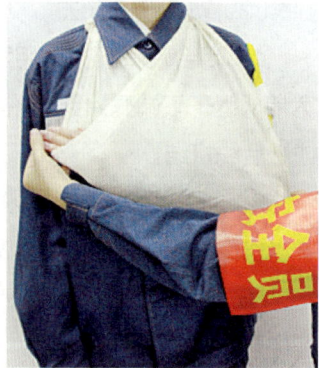

肱骨骨折固定

前臂骨折固定

（七）前臂骨折的现场固定方法

（1）症状：具有骨折一般特征，牵连关节损伤。

（2）现场救护方法。

1）硬夹板固定：①伤员呈屈肘位；②两块夹板置于前臂；③加垫后用布带固定伤处上下端。

2）充气夹板固定：将充气夹板套于前臂；用嘴含紧气管吹气。

3）也可用书本、杂志、衣服固定，方法与硬夹板固定类似。

（3）注意事项：前臂骨折用木板、杂志固定时，板长应超过腕关节和肘关节，以

可塑性夹板固定　　　　　木板固定　　　　　充气夹板固定

限制肘、腕关节活动。

（八）骨盆骨折的现场固定方法

常见于高处坠落、摔伤时臀部着地。

（1）症状：臀部局部剧痛或麻木、肿胀，双下肢不能走路。

（2）现场救护方法。

1）将伤员置于仰卧位，屈膝并拢以减轻疼痛。

2）膝下方放置软垫。

3）宽布、宽带从后向前包绕骨盆。

4）捆扎紧在腹部打结固定。

5）双膝间加垫后用带固定。

（3）注意事项：如果双膝包扎使骨盆疼痛加剧，则不能将膝盖进行绑扎。

骨盆骨折固定

（九）股骨骨折的现场固定方法

常见于车祸、高空坠落及重物砸伤，常伴有大出血、休克。

（1）现场救护方法。

1）夹板固定方法：①在伤处和身体的空隙部位加垫，用七条宽带先固定骨折断面上下两端；②再从上往下固定腋下、腰部、髋部、小腿及踝关节部位，踝部用"8"字法固定。

2）健肢固定方法：①用四条宽带，从上往下依次固定骨折上下端、小腿和踝部；②固定带的结打在健侧肢体

股骨骨折固定

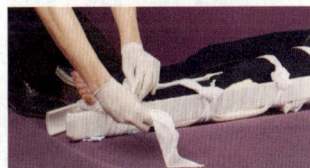

股骨踝关节"8"字固定

外侧；③踝部用"8"字法固定。

（2）注意事项：木板固定时，外侧夹板长度应从腋下至足跟，内侧夹板长度从大腿根部到踝关节处。

股骨健肢固定

（十）小腿骨折的现场固定方法

（1）症状：小腿肿胀、变形、剧痛，骨折端刺破皮肤，出血等。

（2）现场救护方法。

1）加垫后用四条宽带固定。

2）先固定骨折上下端，再固定大腿和踝部。

3）踝部用"8"字形包扎法固定。

（十一）膝盖骨折的现场固定方法

常见于重力摔倒，膝盖着地。现场救护方法如下。

（1）膝盖下方加软垫支撑，使其膝盖处于舒适体位（通常为膝部微屈）。

（2）用毛巾等软垫包裹整个膝部再用绷带行"8"字形包扎法固定，以减少肿胀。

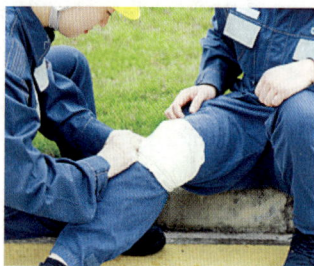

膝盖骨折固定

四、脊柱骨折固定注意事项

（1）脊柱损伤的伤员一般伤情严重，特别是颈椎骨折伴有高位颈髓损伤，可致呼吸、心跳抑制或骤停，应及时进行心肺复苏。

（2）对因高处坠落或交通事故造成颈或腰部疼痛、肢体运动及感觉障碍的伤员，应考虑脊柱损伤。

（3）颈椎损伤时，一人须始终固定保护伤员头颈部，使其平卧，可用沙土袋（或其他代替物）放置头颈部两侧使颈部固定不动。如有条件可上颈托，保护效果更佳。需要人工呼吸时，应采用托颌法打开气道，清除伤员呼吸道异物，保持呼吸道通畅。不能将伤员头部后仰或转动，以免加重其损伤导致高位截瘫或死亡。

（4）脊柱损伤时，应先将伤员下肢伸直，将担架或木板放在伤员一侧，数人合作，共同用手将伤员平托至硬质担架上，将其腰椎躯干及双下肢一同进行固定，预防其因脊髓损伤引起瘫痪。

第四节　搬运伤员的要求及注意事项

重点　掌握不同伤情搬运方法。

难点　了解脊柱骨折伤员搬运操作方法。

一、概述

一般来说，如果现场环境安全，救护伤员应尽量在现场进行急救，在救护车到来之前，为挽救生命、防止伤病恶化争取时间。只有在现场环境不安全或是受局部环境条件限制，无法实施救护时，才可搬运伤员。搬运和护送伤员应根据救护人员和伤员的情况及现场条件采取安全和适当的措施。

（1）搬运前，应给予伤员必要的、合理的现场急救处理。

（2）针对不同的伤员应采取不同的搬运方法。如只是脊柱骨折的伤员一定要用硬直的担架，决不能用软担架或布条担架。

（3）最好寻找合适的、较轻便且振动较小的交通工具。

（4）陪同运送的救护人员应随时观察伤情变化并向医务人员交代病情及急救处理的过程。

（5）注意肢体保暖，冬天应防止冻伤引起肢体坏死。

（6）上下坡时头上脚下，保证伤员处于水平状态。

（7）昏迷伤员，头应侧向一边，避免气道堵塞引起窒息。

（8）伤员在担架上必须扣好安全带。

二、搬运方法

常用的搬运方法有徒手搬运和使用器材搬运。应根据伤员伤病情况和运送距离远近而选择适当的搬运方法。徒手搬运法适用于伤病较轻、无骨折、转运路程较近的伤员；使用器材搬运适用于伤病较重，不宜徒手搬运，或转运路程较远的伤员。

搬运方法及适用条件

搬运方法		适用条件
徒手搬运	搀扶法	适用于病情较轻、能够行走的伤员
	背负法	适用于一般伤员的搬运，呼吸困难或胸部创伤员不宜用此法
	抱持法	适用于不能行走且体重较轻的伤员
	拖拉法	适用于火灾现场或其他不便于直接抱、扶、背的急救现场。不论伤员神志清醒与否均可使用。 拖拉法分为腋下拖行法、衣服拖行法和毛毯拖行法
	双人拉车法	适用于伤情较轻伤员的搬运，骨折的伤员慎用

续表

搬运方法		适用条件
徒手搬运	桥杠式搬运法	适用于伤情较轻伤员的搬运，昏迷、骨折的伤员慎用
	三人平托法 四人平托法	适用于脊柱骨折伤员的搬运。其中三人平托法适用于腰椎、骨盆骨折伤员的搬运；四人平托法适用于搬运脊椎骨折的伤员。 由3~4名救护人员同时将伤员平托平放于脊柱板或木板上。使伤员的脊柱保持正常生理曲线，扭动和过度颠簸均有可能加重损伤。 ↗ 救护人员动作要一致，保证伤员的脊柱为中立位。 ↗ 应把伤员妥善固定，防止其头颈部扭动和过度颠簸
器械搬运		即担架搬运，如脊柱固定板、毛毯担架等

三、搬运器材

　　担架是运送伤员最常用的工具，尤其适用于危重伤员的搬运，如脊柱骨折、颅脑外伤、复合伤害的重伤员。

脊柱板搬运

不同类型担架的适用条件及方法

器械名称		适用条件及方法
专业担架	脊柱固定板	特别适用于脊柱损伤伤员的现场搬运
	折叠担架	适用于伤情较轻的伤员，怀疑有脊柱损伤、骨折的伤员禁用
	折叠铲式担架	医用专用担架。 担架两边都可以打开，便于将病人铲入担架
	漂浮式吊篮担架	适用于海上救护。 将伤员固定在担架内，保证其头部、颈部露在水面
	救护车轮椅	适用于清醒、配合救护并且无脊柱损伤的下肢损伤的伤员。 适合在上下楼梯或电梯窄小的环境搬运伤员
自制担架	木板担架	特别适用于脊柱骨折伤员的搬运。 用床板、门板都能制作，但要注意硬度
	毛毯担架	适用于在伤员无骨折的情况。毛毯可以用床单、被罩、雨衣等替代
	绳索担架	将结实的绳索交叉缠绕在两根木棒之间，端头打结系牢
	衣服担架	先把两件外衣的纽扣扣好，再用两根木棍或铁棍穿进上衣的袖子里，做成衣服担架

四、搬运相关要点

（一）护送伤员的主要原则

（1）统一指挥。搬运时，应听从指挥，协同行动，保证动作一致，避免波动过大导致伤员滑落。

（2）及时合理。当救护人员与伤员数量悬殊时，不可贸然进行搬运。搬运时，救护人员头颈和腰背部须挺直，靠近伤员，防止救护人员腰背部扭伤。

（3）脚稳手抓牢。救护人员搬运时，脚要稳，双手抓牢，步调一致，稳步向前。

（二）护送伤员注意事项

（1）运送前应认真检查伤员，本着先救命、后治伤的原则。

（2）骨折的伤员，应先固定骨折，然后再搬运伤员。

（3）运送昏迷伤员时头偏向一侧，或者用侧卧位，以避免气道阻塞。对已上止血带的伤员，搬运时，应注意绑扎止血带的时间。

（4）运送途中应严密观察伤员的神态，抬担架时伤员的头部应朝后，以便后面的救护人员能随时观察到伤员的病情变化。

（5）运送中应"轻、快、稳、准"，安全地把伤员送到救治地。

第五章
电力作业中的常见意外伤害

第一节　热力烧伤

☼ 重点　掌握烧伤的表现和现场急救方法。

ⓘ 难点　了解烧伤的严重程度。

一、概述

烧伤是由热水、蒸汽、火焰、电流、激光、放射线、强酸、强碱等引起的。通常所称的烧伤，是指单纯由高热所造成的热力烧伤。

吸入性烧伤也称呼吸道烧伤，属于严重烧伤。致伤原因不单纯由于热力，燃烧时的烟雾也会导致吸入性烧伤。因为燃烧时的烟雾含有大量的化学物质，有些化学物质会有腐蚀性和致使全身中毒的作用，如一氧化碳、氰化物等；尤其在封闭的火场，死于吸入性窒息的人员明显多于烧伤的伤员。

（一）烧伤程度分期和症状

烧伤伤员病程大致可分三期，各期之间相互渗透，相互重叠。

分　期	症　状
休克期（急性体液渗出期）	组织烧伤后，会出现体液渗出，持续时间36~48小时。轻度烧伤，体液渗出有限，不会影响全身有效循环；重度烧伤，体液渗出会比较多，在早期会出现口渴、唇干、尿少等症状
感染期	伤口处理不当，容易出现感染；严重者，可能爆发全身感染，治疗效果较差，易留下后遗症
修复期	较浅的伤口，皮肤多数能自行修复；伤口较深的，修复时间长，甚至需要植皮等

（二）烧伤分度

对于烧伤的伤情判断，以烧伤的面积、深度、部位测算，在某些情况下还应兼顾呼吸道损伤的程度。

1. 九分法估算烧伤面积

把人体各部位分成若干个9%，11个9%另加1%构成100%的体表面积。头颈部1个9%；身体躯干3个9%；双上肢2个9%；双下肢5个9%。

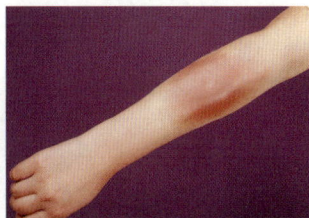

烧伤九分法

2. 三度四分法估算烧伤面积

（1）Ⅰ度烧伤。

↗ 表面出现红斑，皮肤比较干燥，有烧灼感，疼痛剧烈。

↗ 一般3~7天会出现脱皮，能自行愈合。

（2）浅Ⅱ度烧伤。

↗ 局部明显红肿。

↗ 形成大小不一的水疱，皮肤薄，内含淡黄色澄清透明液体。

↗ 水疱皮脱落后，创面红润、潮湿，病人疼痛感觉明显。

↗ 一般不留疤痕，只有色素沉着。

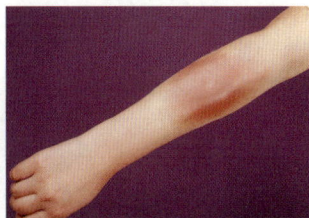

Ⅰ度烧伤

（3）深Ⅱ度烧伤。

↗ 深浅不尽一致。

↗ 可有水疱。

↗ 去除水疱后，创面微湿，红白相间，痛觉比较迟钝。

↗ 多数有瘢痕增生，愈合后留下比较明显的伤疤。

（4）Ⅲ度烧伤。

↗ 创面无水疱，呈蜡白或焦黄色，有些甚至碳化变黑。

↗ 疼痛感觉完全消失。

↗ 皮层坏死后呈皮革状态，其下可见粗大栓塞树枝状血管网。

↗ 严重时可伤及肌肉、神经、血管、骨骼和内脏。

↗ 必须靠植皮愈合。

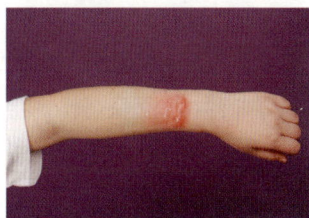

Ⅱ度烧伤

（三）烧伤急救处理原则

（1）烧伤的急救应遵循"冲、脱、泡、盖、送"五字原则。

> **冲**：冷水冲淋。冲淋时间至少15分钟，以达到降温、减轻余热损伤和胀痛、防止起疱等效果，避免因温度过高损伤深层皮肤。
>
> **脱**：除去燃烧后或浸满热液的衣物。若衣物粘连皮肤，剪掉没有粘连的部分，粘连的部分可由医生处理。
>
> **泡**：指冷疗。将伤处持续浸泡在冷水中15～30分钟，具体浸泡时间以缓解疼痛为准。
>
> **盖**：用干净无菌的纱布或棉质布类覆盖伤口，减少外界污染刺激，保持伤口清洁。
>
> **送**：病情严重者要尽快送医。①出现Ⅲ度烧伤；②烧伤部位为呼吸道、脸、手掌、脚掌和生殖器官；③肢体或躯干出现环形的烧伤；④任何由化学品或触电引起的烧伤；⑤10%及以上的皮肤面积被烧伤。

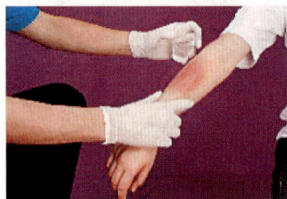

冷水冲淋烧伤区	剪掉粘连衣物	冷水浸泡伤处	覆盖纱布保护伤口

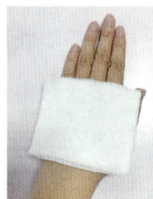

（2）衣服着火时不要站立、奔跑、呼叫，以防增加头面部烧伤或吸入性损伤。

（3）中小面积烧伤，特别是四肢的烧烫伤，可将烧烫伤处在冷水下淋洗或浸入清洁冷水中（水温以伤员能耐受为准，宜为15~20摄氏度），或用清洁冷水浸湿的毛巾、纱垫等外敷。

（4）不宜长时间冰敷或冷水冷敷，尤其对烧烫伤范围超过半个肢体的伤员，极易造成冻伤或低体温危及生命。

（5）未经专业人员许可，切忌在烧烫伤处敷擦任何物品（如牙膏、花生油、酱油、芦荟膏等）或药物。

（6）如送医时间大于2小时，清醒伤员可多次口服少量盐水或糖盐水。

（7）发生电烧伤时，立即切断电脱离电源，急救依五字原则处理送医。

（8）酸碱或有毒有害物品化学灼伤时，首先用干布或吸水性强的纸张清除残留化学品，迅速剪除被侵蚀的衣物，然后立即用大量清水彻底冲洗，冲洗时间一般不少于15分钟。救护人员最好佩戴防护手套或其他防护用品进行操作，以免自身灼伤。

二、蒸汽灼伤

蒸汽灼伤主要是由于违规操作或设备故障，引起高压蒸汽从管道焊接处、法兰处、锅炉、管道缺损薄弱处、容器开口处喷射出来，对周围的人员造成灼伤，严重时可造成爆炸事故并导致大量人员伤亡。

（一）损伤程度评估

（1）取决于距离蒸汽泄漏喷射口位置的远近、蒸汽压力的大小和温度的高低。

（2）伤员距离蒸汽喷射口越近，蒸汽越大，温度越高，杀伤力越大。

（3）轻者造成Ⅰ度和Ⅱ度烧伤，重者可造成Ⅲ度烧灼伤。

（4）伤口较为干洁，现场难判断伤情，需尽快送院。

（二）现场急救流程

1. 识别泄漏，立即躲避

↗ 近距离者：仅听到"嘶嘶"的漏气声响但无任何形状现象可见。

↗ 远距离者：看到蒸汽热流影在空气中浮动，烟雾弥散。

↗ 不管距离远近都应立刻躲避，保证自身安全。

2. 检查伤情，寻求帮助

↗ 第一目击者：向上一级汇报，同时拨打120或医务室电话。

↗ 检查伤口部位大小和深度，注意有无头颅、内脏等受损，严重烧伤和吸入性窒息等情况。

3. 不同伤情的现场救护方法

（1）一般伤口。

↗ 表浅伤口且不伴血管神经损伤，可在伤口消毒后覆盖无菌敷料，进行止血包扎，或用现场干净的衣服、毛巾覆盖包扎后送院。

（2）头颅损伤。

↗ 头部血管分布丰富，出血较多。

↗ 严重者伴有颅骨骨折和脑组织受伤。

↗ 如伤员出现耳、鼻漏液，严禁堵塞止血，防止颅内感染，可用干洁布料擦拭漏液。

（3）肢体离断伤。

1）止血包扎。

↗ 出血非喷射状：血管很快回缩，出血少，在残端伤口覆盖大量干净布料，加压包扎止血。

↗ 出血呈喷射状：立刻直接压迫止血，上止血带后再行包扎伤口。

2）保护断肢。

↗ 将离断肢体放进干净的塑料袋，密封。

↗ 再放置在装有冰水混合物的塑料袋或水桶中。

↗ 如现场无冰水混合物且离医院较近，可直接用干净的塑料袋或布料包裹。

3）速送医院。

↗ 将伤员连同保存好的离断肢体一起送院。

↗ 送院时间尽可能在6小时之内。

↗ 尚有部分组织相连，严禁人为断离；伤口和断肢在现场不清洗、不涂药；严禁将断肢直接放在冰水中。

（4）开放性气胸。

胸部严重割伤，可导致伤口与胸膜相通，形成胸部开放伤。

↗ 应立即用大量干净衣物、保鲜膜压在伤口上，进行三边封固定。

↗ 用宽带固定敷料，于健侧打结。

↗ 三角巾做单侧胸部包扎。

↗ 伤员应置于半卧位。

（5）内脏膨出。

↗ 严禁在现场直接将突出物塞入体腔，以免引起感染。

↗ 用洁净的湿布块或保鲜膜覆盖突出来的组织物。

↗ 用碗或布料缠绕成环圈固定组织物。

↗ 用三角巾包扎固定。

↗ 立刻转送伤员进院。

評估现场安全，做好自我防护

↓

检查伤情，调整伤员合适体位

↓

拨打120，取急救箱和AED

一般伤口

↓

检查伤口

↓

伤口消毒

↓

伤口覆盖无菌敷料

↓

绷带或三角巾加压包扎伤口

开放性损伤：脑组织外溢眼球脱出内脏（如肠管）溢出

↓

不还纳

↓

保鲜膜或塑料袋　清洁敷料覆盖

↓

套环形圈、扣碗

↓

固定碗包扎

开放性气胸

↓

将开放性伤口变为闭合性伤口

↓

保鲜膜或塑料袋、清洁敷料覆盖伤口

↓

宽带固定

↓

胸部包扎

肢体离断伤

伤口：非喷射状出血

↓

干净敷料包裹断肢

↓

放入密闭塑料袋

↓

再放入装有冰块塑料袋中，保持低温

↓

与伤员一起送上救护车

伤口：喷射状出血

↓

大量敷料覆盖残端伤口

↓

如有需要可用止血带止血

↓

绷带或三角巾包扎

↓

三角巾悬吊伤肢

离断肢体处理

↓

敷料直接压迫止血

↓

绷带回返式加压包扎

观察生命体征，陪伴伤员直至救护车到达

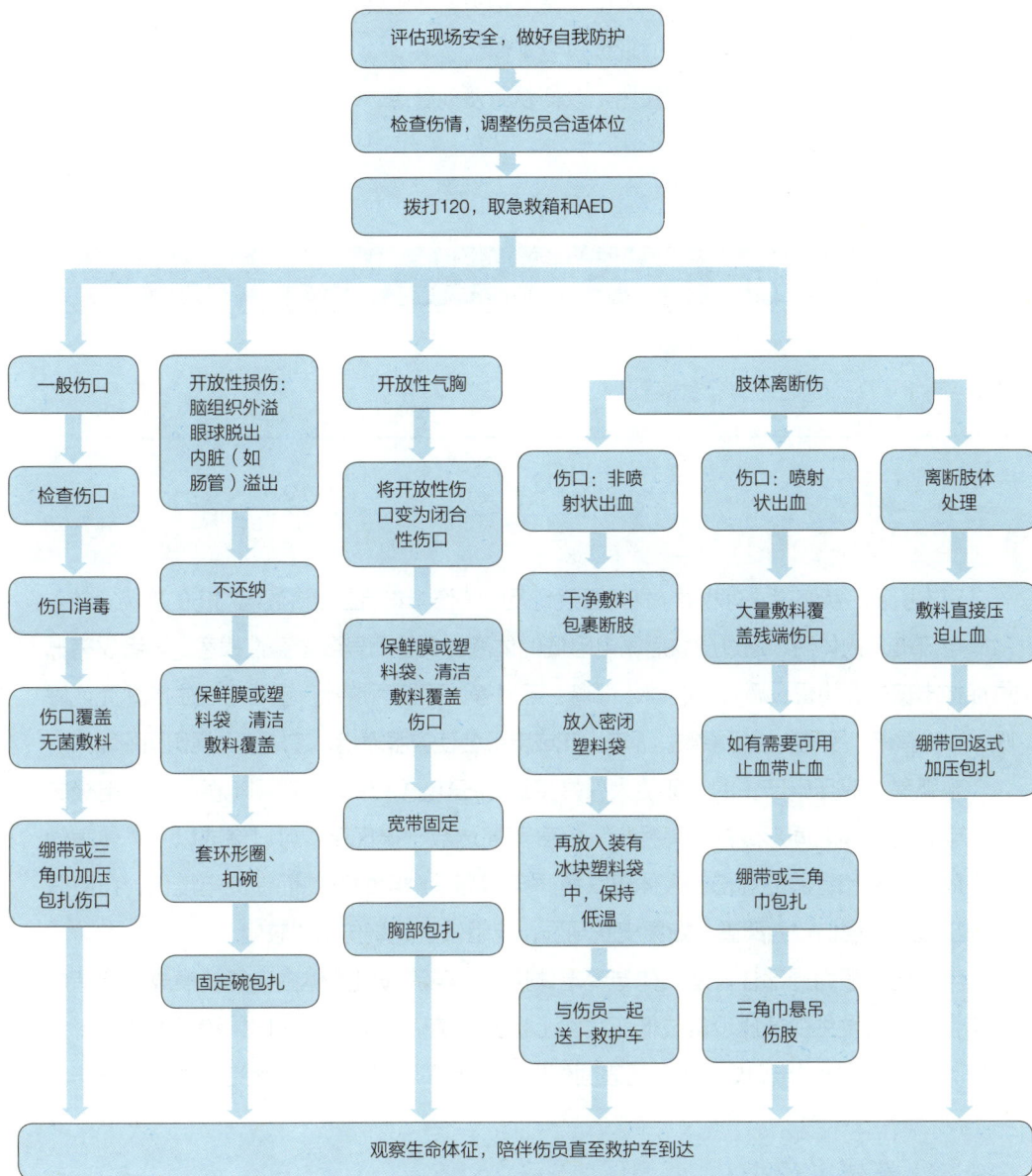

不同伤情现场救护流程图

（三）蒸汽烧伤预防方法

（1）企业单位高度重视日常监督管理工作。

（2）工作人员定期检查、检修发电设备及相关承压附件。

（3）工作人员做好设备运行时现场巡查工作。

（4）设备应安装泄漏检测报警器，以便及时发现隐患。

第二节　电灼伤

☼ **重点**　掌握电灼伤的现场救护方法。

ⓘ **难点**　熟悉电灼伤的症状表现。

一、概述

电击引起的烧伤主要有两类，即电弧烧伤及电灼伤。本节主要讲述电灼伤的现场急救。

电流进入人体后，通过皮肤后循电阻低的体液、血管而导致全身性损害。轻者仅有一过性神志丧失、头昏、恶心、心悸、耳鸣、乏力等，不留后遗症；重者可发生电休克或呼吸、心脏骤停，须马上进行急救。而电火花或电弧会使衣服燃烧，造成热力烧伤面积较大。

电弧是由高压电产生的，即使人只是接近高压电源，没有接触到电源，两个电极之间或电源与人体之间形成的光亮桥带，温度可高达数千摄氏度，可以造成以人体体表为主，危及肌肉和骨骼的烧伤。人体皮肤角质电阻高，触电时产热而造成电烧伤，在皮肤较为粗糙处，烧伤较为严重；如果皮肤潮湿，电阻较小，烧伤相对较轻。

电灼伤一般为局部性，是人体与带电体接触，电流通过人体由电能转换成热能造成的伤害。一般发生在低压设备或低压线路上。当电流通过人体"入口"和"出口"，"入口处"局部损害比"出口处"重，且表面伤口小，但深层组织可受到大范围的严重损伤。

二、电灼伤表现

（1）电流"入口处"电灼伤可达深层肌肉和骨组织，多为Ⅲ度烧伤；"出口处"Ⅲ度烧伤比"入口处"稍轻。

"入口处"临床表现：

↗ 常炭化；

↗　形成裂口或洞穴，外小内大，烧伤常深达肌肉及骨周；

↗　深部组织可夹心坏死；

↗　没有明显的坏死层面；

↗　局部渗出比一般烧伤严重；

↗　进行性坏死，伤后坏死范围可扩大数倍；

↗　肘、腋或膝、股等屈面可出现"跳跃式"伤口；

↗　骨骼电阻大，产热多，出现袖套样坏死；

↗　"入口处"邻近的血管出现进行性栓塞，常引起组织进行性坏死和继发性血管破裂出血。

（2）Ⅲ度烧伤处出现局部皮肤焦黄和周围苍白，温度低于正常皮肤温度。

（3）当24~48小时后，伤处周围出血红肿、发热，且逐渐加重，伤处成焦痂，甚至坏死变黑。

（4）烧伤的痂皮脱落后，坏死组织外露，再生缓慢，创面暴露，渗液较多，容易并发感染。

（5）若创面接近血管，可能会引发大出血。

三、现场急救方法

（1）立即断电，撤离现场。

（2）呼吸、心脏骤停伤员，应就地实施心肺复苏术。

（3）保护创面。

（4）清醒伤员可口服补液。

第三节　爆炸伤

🔔　**重点**　掌握爆炸伤的现场急救措施。

ⓘ　**难点**　了解爆炸伤的常见原因和危害。

一、概述

广义上的爆炸分化学性爆炸和物理性爆炸两类。前者主要是由炸药类化学物引起，后者由如锅炉、氧气瓶、煤气罐、高压锅等超高压气体引起。另外，局部空气中有较高浓度的粉尘，在一定条件下也能引起爆炸。

由于爆炸造成的人体损伤称为爆炸伤，主要分为冲击伤、烧伤、碎片伤和辐射伤。爆炸伤具有程度重、范围广、有方向性、外轻内重和多为复合伤的特点。爆炸是一种突发的严重事件，在爆炸中造成的人员伤亡往往惨不忍睹，都给人们心理留下了浓重的黑色阴影。

（一）常见爆炸伤的原因

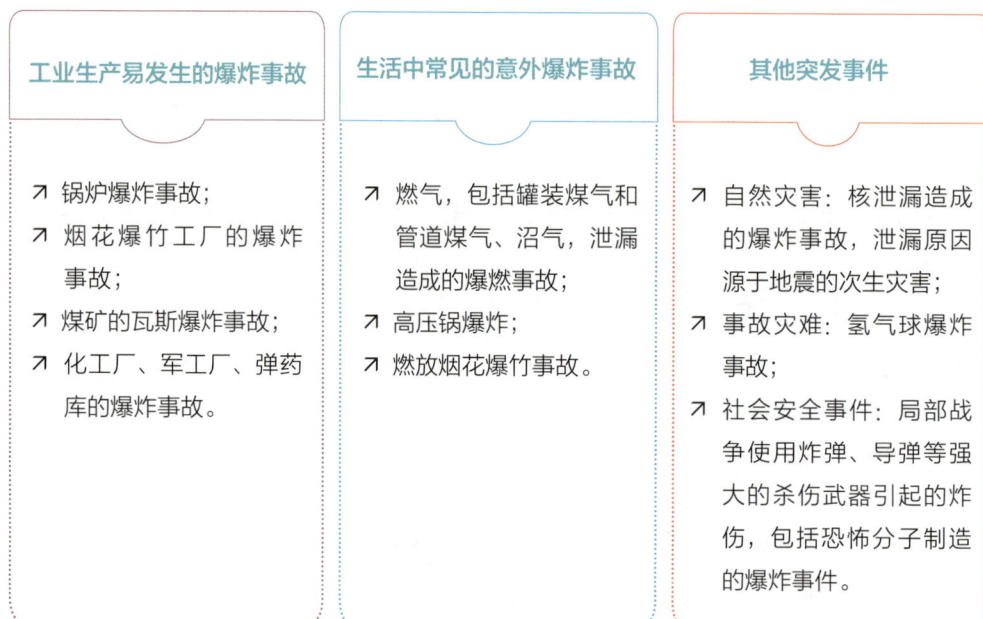

工业生产易发生的爆炸事故	生活中常见的意外爆炸事故	其他突发事件
↗ 锅炉爆炸事故； ↗ 烟花爆竹工厂的爆炸事故； ↗ 煤矿的瓦斯爆炸事故； ↗ 化工厂、军工厂、弹药库的爆炸事故。	↗ 燃气，包括罐装煤气和管道煤气、沼气，泄漏造成的爆燃事故； ↗ 高压锅爆炸； ↗ 燃放烟花爆竹事故。	↗ 自然灾害：核泄漏造成的爆炸事故，泄漏原因源于地震的次生灾害； ↗ 事故灾难：氢气球爆炸事故； ↗ 社会安全事件：局部战争使用炸弹、导弹等强大的杀伤武器引起的炸伤，包括恐怖分子制造的爆炸事件。

（二）爆炸伤的表现

1. 爆震伤

爆震伤又称为冲击伤。距爆炸中心0.5~1.0米以外所受的伤，是爆炸伤害中最为严重的一种损伤。

爆震伤的受伤原理：爆炸物在爆炸的瞬间产生高速高压，形成冲击波，冲击波比正常大气压大若干倍，作用人体造成全身多个器官损伤，同时又因高速气流形成的动压，使人跌倒受伤，甚至肢体断离。

常见的爆震伤包括以下几种。

（1）听器冲击伤：发生率为3.1%~55%。伤后出现耳鸣、耳聋、耳痛、头痛、眩晕。

（2）肺冲击伤：发生率为8.2%~47%。伤后出现胸闷、胸痛、咯血、呼吸困难、窒息。

（3）腹部冲击伤：伤后表现腹痛、恶心、呕吐，甚至肝脾破裂大出血导致休克。

（4）颅脑冲击伤：伤后神志不清或嗜睡、失眠、记忆力下降，伴有剧烈头痛、呕吐、呼吸不规则。

2. 爆烧伤

爆烧伤实质上是烧伤和冲击伤的复合伤，发生在距爆炸中心1~2米范围内，由爆炸时产生的高温气体和火焰造成。爆烧伤的严重程度取决于烧伤的程度。

3. 爆碎伤

爆碎伤是指爆炸物爆炸后直接作用于人体或由于人体靠近爆炸中心，造成人体组织破裂、内脏破裂、肢体破裂、血肉横飞，失去完整形态，甚至是由于爆炸物穿透体腔，形成穿通伤，导致大出血及严重骨折。

4. 有毒、有害气体中毒

由爆炸后的烟雾及有害气体会造成的人体中毒。

常见的有毒有害气体包括一氧化碳、二氧化碳、氮氧化合物等。

识别有毒、有害气体中毒的依据：

（1）由于某些有毒、有害气体对眼睛、呼吸道造成强烈的刺激，爆炸后眼、呼吸道有异常感觉。

（2）气体中毒造成急性缺氧、呼吸困难、口唇发绀，发生休克或肺水肿，导致早期死亡。

5. 冲击波造成的推挤伤

冲击波将现场人员身体推挤向固定物（如墙等）而产生的损伤。头部和脊柱损伤多见。

6. 碎片冲击伤

因爆炸产生的飞行碎片引致的损伤。碎片的速度、距离、形状，伤员的防护情况、击中的部位等，决定了伤害的严重程度。

通常，离爆炸点越近，打入体内的碎片数量越多。如碎片击伤重要的器官，或伤及大血管造成大出血时，情况会更加危急。

7. 心理创伤

爆炸伤害通常伤亡人数众多，现场的惨状易对人群造成巨大心理创伤。

二、爆炸伤的现场急救方法

长期以来，因电能生产工艺需求，电力企业会使用液氨、氢气、燃油、燃气等危化品。大量储存这些危化品易构成重大危险源。而危化品一旦发生爆炸，伤员的损伤往往是多方面、复合性的，包括高温损伤、烧伤、创伤，创伤又包括颅脑、脊柱、胸腔、四肢肌肉、骨骼等损伤，造成人体各个系统的损伤。爆炸事故现场伤亡人数众多，必须紧急调配大量的急救资源，必须报告政府应急机构，组成现场指挥部，统一指挥，争取交通、公安、消防、救援、医疗急救等各部门密切合作。

（一）应急处置原则

快速反应原则

应急处置要做到反应快、报告快、处置快

先期处置原则

一旦发生事故，立即启动现场处置方案，迅速采取有效措施，控制事态发展

统一指挥原则

由应急指挥中心全面负责统一指挥、统一调度，保证救援工作的统一高效

协调作战原则

现场应急小组在应急指挥中心的统一领导指挥下，按照各自职责、密切协作、相互配合、共同做好事故的应急处置和抢险救援工作

（二）现场救援方法

1. 防护

所有救护人员应根据毒物情况穿戴相应防护器材，并严守防护纪律。危险化学品爆

炸现场急救工作相当复杂，救护人员需要知道其理化、毒性特点，做好自我防护，以保护自身安全。

2. 建立通道

尽快建立绿色安全有效的急救通道。

3. 切断事故源

快速切断事故源，同时关键要做好灭火、防爆等措施。

4. 污染区控制

检测确定污染区边界，给出明显标志，对周围交通实行管制，制止无关人员和车辆进入。

5. 抢救中毒人员

撤离中毒人员至安全区域抢救，随后送至医院进行紧急治疗。

6. 检测

检测确定危险化学品性质及危害程度，以掌握毒物扩散情况。

7. 组织撤离

指导可能受污染区居民学习自我防护方法，必要时组织其撤离。

8. 受污染区洗消

根据危险化学品理化性质和受污染情况进行洗消。

9. 处理动物尸体

寻找、处理动物尸体，防止腐烂危害环境。

10. 保障

做好气象、交通、通信、物资、防护等保障工作。

（三）常见伤情现场急救处理方法

1. 爆炸伤

爆炸伤伤口的处理原则：尽量保存皮肤、肢体，包括离断的肢体，为后期修复、愈合打下基础，最大限度地避免伤残和减轻伤残。

如颅脑外伤有耳鼻流血者不要堵塞；胸部有伤口随呼吸出现血性泡沫时，应尽快封住伤口；腹部内脏流出时不要将其回纳，而应用湿敷料覆盖后用碗等容器罩住保护并固定，免受挤压，并尽快送医院处理。

2. 出血

轻微出血的处理方法：用流动的清水冲洗伤口，用蘸了碘伏的棉签从伤口中心向外一圈一圈地消毒，无须包扎，伤口不要沾水，尽量暴露在干燥的环境中。

出血量较大的处理方法：找干净的毛巾、纱布，紧紧包裹住伤口。若血流不止，建议用止血带止血（紧扎之前建议放一块衬垫）。

3. 离断伤

离断伤的处理方法：先止血，再处理离断的肢体；尽量找回离断肢体，用医用纱布或干净的布包裹，最外层再用塑料薄膜密封，装入放有冰水混合物的塑料袋中，及时就医。

4. 眼球炸伤

眼球炸伤的处理方法：立即让伤员躺下；用纸杯等无加压的物品遮盖双眼，即便只伤到一只眼球，健康的另一只眼睛也需要覆盖，避免健眼活动带动伤眼；尽量不要接触、揉搓眼球，及时就医。

5. 烧伤

烧伤的处理方法：注意不要涂药，应采取降温、保护创面等措施。不可在伤口上涂抹香油、牙膏、草灰及紫药水等，以免影响病情判断及后期治疗。

6. 中毒

爆炸现场可能存在有毒有害气体。有毒有害气体可通过眼睛、呼吸道和皮肤入侵体内，所以应穿戴护目镜、头盔、口罩、手套、靴子、防护服等。有条件的救护人员应穿戴专业的防护装备，如带供氧装置的防护服。脱离现场后应脱去染毒服装，并及时进行洗消，包括冲洗眼睛、全身淋浴。

对已发生气体中毒的人员，应快速转移到安全区域进行急救。如果判断呼吸、心脏骤停，应立即进行心肺复苏；已经意识不清的伤者，要注意保持其呼吸道的通畅，可以采用仰头提颏法开放呼吸道；如果是坠落伤或头背部受伤，则要注意保护颈椎，谨慎使用仰头提颏法。

三、爆炸时现场人员自救互救方法

在爆炸现场，往往没有及时、足够的救援人员和装备可以依靠，加之专业救护人员的到来受到时间、交通、天气等诸多因素的影响，难以在"黄金1小时"内展开有效救护。这种情况下，现场人员具有双重身份——既是被救者又是救援者。唯有通过角色转换，在很短的时间内实施决定性的自救互救方法，才有可能使灾难中的伤员获得生存机会。

（一）发生爆炸时现场人员的自救方法

1. 立即卧倒

在爆炸发生时，当看到光或闪动，先别着急跑，一定距离内的人员应立即卧倒，脚朝炸点方向，同时一手枕在额前，另一手盖住后脑，保护好头部。

卧倒姿势可保持身体伏低，最大限度地降低爆炸所带来的伤害，还可以防止吸入过多有毒烟雾。

2. 迅速逃离

在确保第二次爆炸短时间内不会发生后，应选择时机迅速离开现场。首先确定距离最近的安全出口；然后避开柱子、玻璃与墙壁，伏低身体缓慢前进。逃生过程中要时刻观察周围环境。

3. 其他伤害的急救方法

（1）衣物着火。因爆炸燃烧或高温辐射导致衣物着火，一时难以脱下时，应迅速滚动灭火，或用水、潮湿物品扑灭火焰。不可惊慌乱跑，以免风助火势。

（2）出血。爆炸造成的出血，特别是喷射状的动脉出血，必须迅速进行止血自救。一般应迅速采取直接压迫止血，必要时现场取材做成止血带，采用止血带止血法。另外应保护好伤口，观察周围环境，静待救援。

（3）防窒息。若在密闭空间内烟味太呛，可用矿泉水、饮料等润湿布块护住口鼻，防止因烟雾和毒气引起的窒息。

（二）发生爆炸时目击者的施救方法

1. 维护秩序

维护火灾爆炸事故现场秩序，引导人员疏散和快速撤离现场。

2. 快速呼救

拨打110、119、120向公安、消防及医疗机构求救。

报警及求救时注意以下内容。

（1）说明地点。应讲清险情发生的时间、地点。若地形、地貌复杂，应告知周围标识比较明显的建筑物、公交车站、单位名称、门牌号或明显的地貌特征等。

（2）说明险情。应简要说明险情原因，以及需要提供何种帮助。

（3）留下姓名。报警人应留下自己的姓名、联系方式等。

（4）有条件时，可提前到附近标识比较明显的地点，如路口或巷口，等候并指引救援人员。

3. 组织灭火

隔离火灾危险源和重要物资，充分利用现场的消防设施器材进行救援。

4. 自救互救

有能力的人员应协助警方和医务人员抢救伤员，采用现场干净物品进行止血、包扎和固定。

（1）尽可能选用无菌敷料、三角巾、较清洁的布，以避免二次污染，如无条件可就地取材。

（2）搬运伤员时应注意使脊柱损伤病人保持水平位置，以防止移位而发生截瘫。

（3）注意呼吸道烧伤的伤员，对呼吸道阻塞、窒息者，立即清理其口咽，打开气道，保持其呼吸道通畅，并以抢救生命为首要目的。

（4）对呼吸心脏骤停的伤员，立即开展高质量心肺复苏术和AED除颤。

第四节 食物中毒

重点 掌握食物中毒的现场急救措施。

难点 掌握预防食物中毒的方法。

一、概述

食物中毒是指伤员进食被微生物或微生物毒素污染的食物，从而导致的非传染性的急性、亚急性疾病。

食物中毒可分为细菌性食物中毒、真菌性食物中毒、动物性食物中毒、植物性食物中毒、化学性食物中毒等。

（一）细菌性食物中毒

细菌性食物中毒是指摄入含有大量活的细菌或细菌毒素的食品而引起的食物中毒，是所有食物中毒中最常见的，全年皆可发生。

细菌性食物中毒发病率最高，病死率因细菌源不同而异。常见的细菌性食物中毒，如沙门氏菌、变形杆菌、葡萄球菌等，病程短、恢复快、预后好、病死率低。李斯特菌、小肠结肠炎耶尔森菌、肉毒梭菌、椰毒假单胞菌等细菌性中毒，则病程长、病情重、病死率较高。

细菌性食物中毒多发于高温、潮湿的夏秋季节，尤其是6~9月，因为此时极易引起细菌在动、植物体内生长繁殖，如烹调、储藏不当，灭菌不严，易发生中毒。

（二）真菌性食物中毒

真菌在谷物或其他食物中生长繁殖，产生有毒的代谢产物，称为真菌毒素。真菌性食物中毒是指摄入含有真菌毒素的食物后引起的食物中毒。其来源主要是食用了被真菌污染的食物，而被真菌污染的食物往往在颜色、味道上发生改变。

（1）耐热：一般的烹调方法不能破坏食品中的真菌毒素。

（2）无传染性：真菌毒素一般是小分子化合物，机体对真菌毒素不产生抗体，没有传染性和免疫性。

（3）季节性和地区性：真菌生长繁殖及产生毒素需要一定的温度和湿度，因此中毒往往有比较明显的季节性和地区性特点。

常见的真菌性食物中毒有：红薯黑斑病中毒、赤霉病麦中毒、黄变米中毒等。

（三）动物性食物中毒

动物性食物中毒是指食用动物性中毒食品引起的食物中毒。

（1）有些食物天然含有有毒成分，如织纹螺、河豚、螃蟹、贝类、鱼胆等。

（2）有些食物在一定条件下会产生大量有毒成分，如变质禽肉、病死性牲畜肉等。

我国发生的动物性食物中毒，主要是河豚中毒和鱼胆中毒。河豚毒素在雌鱼卵巢毒性最强，其次为肝脏。河豚中毒和鱼胆中毒的病死率都比较高。

动物性食物中毒中，除高组胺鱼类中毒外，其他尚无特效解毒剂。

（四）植物性食物中毒

植物性食物中毒一般是指误食有毒植物或有毒植物的种子，以及烹调加工方式不当，未能将有毒物质去掉而引起的中毒。

（1）天然含有有毒成分的植物或其加工品，如桐油、大麻油等。

（2）在食品加工过程中，未能破坏或去除有毒成分的植物，如未熟透的四季豆、未煮熟的木薯等。

（3）过量食用会导致中毒的食物，如苦杏仁、鲜黄花菜，过量食用生的或未熟透的白果等。

（4）储存过程中产生了有毒物质的食物，如发芽的土豆、未腌制好的咸菜等。

（五）化学性食物中毒

化学性食物中毒是指食用了被有毒有害化学物质污染的食品而引起的急性中毒。引起食物中毒的化学性物质主要包括金属、非金属、有机及无机化合物，如汞、镉、铅、砷、有机磷、亚硝酸盐等。

（1）潜伏期短：一般在进食后不久即发病，摄入量多的发病时间短，病情重。

（2）发病率高：发病率几乎100%，常是群体发病，病人都有进食某种食品的病史，并且临床表现相同，但无传染性。

（3）病死率高：按一般常规抢救治疗，往往不见显著效果，死亡率较高。

（4）季节性和地区性：发病一般无明显的季节性，一年四季均有发生，第三季度发病率相对较高；发病无地域性，但农村的发病率与死亡率高于城镇，且多发生在家庭中。

（5）检测：从剩余食品、呕吐物、洗胃液、血和尿等样品中，可检测出有关的化学毒物。

常见的化学性食物中毒有亚硝酸盐中毒、盐酸克伦特罗（瘦肉精）中毒、有机磷农药中毒等。

二、食物中毒的特征

（1）与某种食物有关：近期内都食用了可疑食物，中毒人群局限于食用者，未食用者不受影响。

（2）群发性：发病人数多且集中，超过3人以上。

（3）潜伏期短：进食者通常在2~24小时内发病。

（4）症状相似：中毒症状多见头晕、无力、恶心、呕吐、腹痛、腹泻等肠胃炎症状。有的会出现发热、黄疸、嗜睡等全身症状。

（5）病源可追溯：中毒患者的生物样品中检测出的引起中毒症状的病源与可疑食物中的一致。

（6）季节性：不同种类的食物中毒，发病季节不同，通常在气温高的夏秋季。

（7）无传染性：食物中毒伤员不会直接传染给健康者。

三、常见引起食物中毒的食物及预防措施

食物	中毒原因	中毒表现	预防措施
毒蘑菇	毒蘑菇又称毒蕈，属于真菌类。毒蕈中毒多是由于采食含有剧毒或微毒的菌类，烹调不当或误食与无毒蘑菇相似的有毒蘑菇所致	起初多为胃肠炎表现，部分伤员可能会有一段假愈期，之后出现肝脑心肾等器官损害，其中以肝脏损害最为严重。部分伤员还可能会出现精神症状	↗ 不要贸然采摘食用野生蘑菇。 ↗ 要到正规场所购买蘑菇。 ↗ 不认识的菌类不要轻易食用。 ↗ 烹调加工蘑菇经洗净后，宜先在沸水中煮3~5分钟，弃汤后再炒熟煮透
生豆浆	生大豆含有一种有毒的胰蛋白酶抑制物，可抑制体内蛋白酶的正常活性，并对胃肠有刺激作用	潜伏期数分钟到1小时。会出现恶心、呕吐、腹痛、腹胀，甚至腹泻、头痛等症状，但可很快自愈	↗ 豆浆必须煮沸再喝。 ↗ 应加热至泡沫消失，豆浆沸腾，再持续加热数分钟
豆角	豆角中所含的皂素和血球凝集素会引起中毒。由于翻炒不均匀，导致皂素和血球凝集素没有破坏完全，引起急性中毒	潜伏期为数10分钟至5小时。主要为胃肠炎症状，恶心、呕吐、腹痛、腹泻。以呕吐为主，并伴有头晕、头痛、出冷汗，有的四肢麻木，胃部有烧灼感，体温一般正常。预后良好，病程一般为数小时或1~2天	↗ 烹饪时一定要将豆角烧熟煮透

续表

食物	中毒原因	中毒表现	预防措施
发芽土豆	土豆中含有一种生物碱，叫龙葵素。正常土豆中龙葵素的含量较少。当土豆发芽后皮肉变绿，龙葵素含量增高。人一次食用0.2~0.4克即可发生中毒	一般在进食后十分钟至数小时出现症状，如胃部灼痛、舌、咽麻、恶心、呕吐、腹痛、腹泻，严重中毒者体温升高、头痛、昏迷、出汗、心悸；常引起儿童抽搐、昏迷	↗ 土豆应贮存在低温、通风、无直射阳光的地方，防止其生芽变绿。 ↗ 生芽过多或皮肉大部分变黑、变绿时不得食用。 ↗ 发芽很少的土豆，应彻底挖去芽和芽眼周围的肉。因龙葵素溶于水，可浸泡在水中半小时左右
青皮红肉的海产鱼类（如鲐鱼、青鱼、沙丁鱼、秋刀鱼）	这类鱼含有较高量的组氨酸，在适宜的条件下鱼肉中的组氨酸经脱羧酶作用产生组胺和类组胺物质——秋刀鱼素。组胺中毒与人的过敏体质有关	中毒表现为局部或全身毛细血管扩张。潜伏期为数分钟至数小时。组胺中毒特点是发病快，症状轻，恢复快，少有死亡。主要症状为皮肤潮红、结膜充血、似醉酒样、头晕、剧烈头痛、心悸，有时出现荨麻疹，一般体温不高，多于1~2日内恢复	↗ 加强鱼类食品卫生管理。 ↗ 过敏体质的人不能食用。 ↗ 对容易产生大量组胺的鲐鱼去毒
河豚	河豚毒素是一种神经毒，对热稳定，需220摄氏度以上方可分解；盐腌或日晒不能破坏。鱼体中含毒量在不同部位和季节有差异，卵巢和肝脏有剧毒，其次为肾脏、血液、眼睛、鳃和皮肤。鱼死后内脏毒素可渗入肌肉，而使本来无毒的肌肉也含毒。产卵期河豚卵巢的毒性最强	河豚毒素可引起中枢神经麻痹。潜伏期10分钟至3小时。早期有手指、舌、唇刺痛感，然后出现恶心、呕吐、腹痛、腹泻等胃肠症状；四肢无力、发冷、口唇和肢端知觉麻痹；重症伤员瞳孔与角膜反射消失，四肢肌肉麻痹，以致发展到全身麻痹、瘫痪；呼吸表浅而不规则，严重者呼吸困难、血压下降、昏迷，最后死于呼吸衰竭	↗ 不要自行捕捞、食用、制售河豚。 ↗ 不擅自食用沿海地区捕捞或者捡拾的不认识或者未吃过的鱼。 ↗ 如若食用河豚中毒，应立即用简易方法进行催吐处理，并立即到医院救治
霉变谷物	主要为黄曲霉毒素，其毒性为氰化钾的10倍，为砒霜的68倍。 此外，黄曲霉毒素有很强的致癌性	中毒前期表现为发烧、腹痛、呕吐、食欲减退等；2~3周后很快发生中毒性肝病表现。可有心脏扩大，肺水肿，甚至痉挛、昏迷等	↗ 认真选：在选购食品时，不买明显生霉、破损的粮食、花生籽粒。使用前，闻味道，如有变味不能食用。关注食品监管部门的抽检公告，如有不合格食物不要购买和食用。

续表

食物	中毒原因	中毒表现	预防措施
霉变谷物	主要为黄曲霉毒素，其毒性为氰化钾的10倍，为砒霜的68倍。 此外，黄曲霉毒素有很强的致癌性	中毒前期表现为发烧、腹痛、呕吐、食欲减退等；2～3周后很快发生中毒性肝病表现。可有心脏扩大，肺水肿，甚至痉挛、昏迷等	↗ 干燥藏：食物贮藏在低温干燥处。必要时可定期晾晒密封保存，防止发霉。对已发霉的食物要立即处理掉。 ↗ 用心洗：要充分搓揉，淘洗干净，尽量去除食物表面附着的有害物质。 ↗ 科学吃：绝对不要因为可惜、舍不得丢弃霉烂变质的食物，多食用新鲜的蔬菜。天然叶绿素可以抑制黄曲霉毒素B1的致癌作用
变质蔬菜或腌制时间不足的食物	吃腐烂变质的蔬菜会导致亚硝酸盐中毒。由于腌制时间短，自制腌菜中的亚硝酸盐还没来得及降解，容易导致中毒。 亚硝酸盐中毒会引起伤员组织缺氧	潜伏期30分钟至3小时，口唇、指甲及全身皮肤青紫，呼吸困难，并有头晕、头痛、恶心、呕吐、心跳加快、呼吸急促，有的甚至出现昏迷、抽搐，终因呼吸衰竭而死亡	↗ 从正规销售渠道购买食盐。 ↗ 食用新鲜蔬菜，不食用存放过久或变质的蔬菜。 ↗ 尽量不用"苦井水"煮饭，不得不用时，应避免长时间存放。 ↗ 可多吃抑制亚硝胺形成的食物，如茶、含维生素C丰富的食物和蔬菜
动物性食物	沙门氏菌食物中毒多由动物性食品引起，特别是肉类（如病死牲畜肉、熟肉制品），也可由家禽、蛋类、奶类食品引起	以急性胃肠炎为主，潜伏期一般12~24小时，短的数小时，长则2~3天。 前驱症状有恶心，头痛，全身乏力和发冷等。主要症状有呕吐，腹泻，腹痛，粪便为黄绿色水样便，有时带脓血和黏液。一般发热38~40摄氏度。 重病人出现寒战、惊厥、抽搐和昏迷。病程为3~7天，一般预后良好。但是，老人、儿童和体弱者如不及时进行急救处理也可导致死亡	↗ 食堂的从业人员，应严格遵守《餐饮服务食品安全操作规范》，制作鱼、肉、蛋等食物要煮熟煮透。 ↗ 生熟容器、刀具不得混用，应定期消毒，防止交叉污染

续表

食物	中毒原因	中毒表现	预防措施
凉拌菜	熟肉制品、凉拌菜、病死家畜肉含有变形杆菌。 在制作食品过程中，处理生、熟食品的工具、容器未严格分开使用，或操作人员通过手污染熟食品。 受污染的熟食品在较高的温度下存放较长时间，细菌大量繁殖，食用前不再回锅加热或加热不彻底，食后易引起中毒	潜伏期一般为12~16小时，短者1~3小时，长者60小时。 主要表现为腹痛、腹泻、恶心、呕吐、发热、头晕、头痛、全身无力。重者有脱水、酸中毒、血压下降、惊厥、昏迷、腹痛剧烈，多呈脐周围部的剧烈绞痛或刀割样疼痛，腹泻多为水样便，一日数次至10余次。体温一般在38~39摄氏度。 病程比较短，一般为1~3天，多数24小时内恢复	↗ 制作凉菜必须在符合规定的专用工作间内进行。 ↗ 食堂的从业人员处理好生、熟食物；容器严格分开。 ↗ 避免操作人员污染熟食物。 ↗ 食物使用前回锅彻底加热

四、食物中毒后的救护方法

（一）清除毒物

1. 催吐

（1）催吐的目的是排出胃内毒物。

（2）可采用刺激催吐法，用手指、调羹刺激咽喉部，使之呕吐。

（3）也可服用催吐剂催吐，如服用2%~4%的温盐水1~2升。

（4）呕吐物为澄清液体时，可适量饮用牛奶保护胃黏膜。

（5）在呕吐物中发现血丝，表明消化道可能出血，应停止催吐。

（6）剧烈呕吐、昏迷、服用强酸或强碱的伤员忌用催吐法。

2. 洗胃

（1）洗胃的目的是澄清胃液。

（2）大多数食物中毒的伤员应当立即进行洗胃，但是吞服腐蚀性毒物（如强酸、强碱）中毒的除外。

（3）食物中毒未度过危险期的伤员，如无禁忌，应尽快进行洗胃，直至胃液澄清，无气味为止。

（4）常用的洗胃液有：温开水、淡盐水、浓茶水、温肥皂水、生理盐水等。

3. 导泻

（1）导泻的目的是通过高位灌肠或导泻，使留于肠腔内的毒素排出体内。

（2）常用于中毒4~6小时，腹泻次数不多的伤员。

（3）可将中药大黄用开水泡服用。

（4）也可用元明粉，即无水硫酸钠。

（二）阻滞吸收

阻滞吸收是利用一定物质来吸附、沉淀、中和、分解、氧化毒物，其目的是阻滞毒物吸收和保护胃肠道黏膜。

（1）物理性：使用鞣酸、蛋清液、牛奶、豆浆、面糊、花生油（有机磷农药等脂溶性毒物中毒不能使用）等沉淀毒物，并保护胃肠道黏膜；或活性炭悬液吸附毒物。

（2）化学性：高锰酸钾分解生物碱和氧化毒物；硫酸钠沉淀钡盐。

（3）拮抗性：阿托品可拮抗有机磷农药中毒。

（4）通用性：活性炭2份、氧化镁1份及鞣酸1份的混合物，取15~20克，置100~200毫升水内服用，能吸附、沉淀及中和生物碱、糖苷、重金属盐类或酸类等毒物。

（三）解除毒性

根据不同的中毒物，采用不同的解毒剂。

（四）促进排泄

如强化利尿，饮用大量淡盐水，加速毒物排出。

（五）加强护理

（1）不要轻易给中毒者服用止泻药。

（2）观察病情变化，如出现脸色发青、冒冷汗、脉搏虚弱时，应及时送往医院。

（3）中毒者应取侧卧位，防止呕吐物堵塞气道引起窒息。

（4）腹部剧烈疼痛时，应采取双膝屈曲或感到舒适的体位，注意腹部保暖。

（5）没停止呕吐时，不要喝水、进食，呕吐停止后可适当补充淡盐水。

（6）留取呕吐物、排泄物样本，送医院检测。

（7）中毒当天禁食生冷辛辣难消化的食物，多饮水；当病情缓解后，可进食流质食物，如牛奶、稀粥等，少量多次温服；当病情稳定后，逐渐进食清淡易消化半流质食物，无胃部不适可恢复日常饮食。

（8）伤员的呕吐物和排泄物可能含有大量细菌和毒素，容易污染周围水源和环境，应及时对呕吐物和排泄物进行消毒处理，伤员中毒期间的用具、食具、衣物等要浸泡消毒。

第五节　眼鼻耳气道异物

🔔 **重点**　掌握成人气道异物现场的急救方法。
ⓘ **难点**　熟悉眼鼻耳内异物的处理方法。

一、气道异物

（一）概述

气道异物梗阻是指食物或其他物品（如硬币、圆珠笔帽、衣扣）卡在咽喉部，导致气道阻塞，空气难以进入肺部。成人发生气道异物梗阻通常由食物引起。气道异物梗阻，肉食类是造成梗阻最常见的原因；有义齿和吞咽困难的老年人也易发生气道异物梗阻。

（二）气道异物梗阻的表现

气道异物梗阻的识别是抢救成功的关键，异物可以引起气道部分或完全梗阻。

1. 完全性梗阻

完全性梗阻是由于较大的异物堵住喉部、气道处。伤员面色灰暗、发绀、不能说话、不能咳嗽、不能呼吸、昏迷倒地、窒息，呼吸停止。如果不能及时解除梗阻，伤员将丧失意识，出现呼吸、心脏骤停。

完全性梗阻

2. 不完全性梗阻

伤员可以有咳嗽、喘气或咳嗽微弱无力，呼吸困难，张口吸气时可以听到异物冲击性的高啼声，面色青紫，皮

不完全性梗阻

肤、甲床和口腔黏膜发绀。救护人员不宜干扰伤员自行排除异物的努力，但应守护在伤员身旁，并监护伤员的情况，如果气道部分梗阻仍不能解除，应迅速启动医疗急救系统。

（三）现场急救原则

应先询问伤员"是否有异物梗阻"或"是否需要帮助"，如清醒的伤员点头示意表示同意施救，应尽快呼叫寻求帮助，并及时拨打急救电话，现场展开救护。

1. 成人和1岁以上儿童的现场急救

（1）如果伤员表现出轻度的气道梗阻症状。

鼓励其继续咳嗽，不要马上进行叩击背部、按压胸部和挤压腹部等救护措施，避免有可能导致的严重并发症或导致气道梗阻加重。但应严密观察是否发生严重的呼吸道梗阻。

（2）如果伤员表现为严重的气道梗阻症状，但意识清楚，应进行背部叩击法解除梗阻，最多5次；如果5次背部叩击不能解除气道梗阻，改用腹部冲击法5次；如果梗阻仍没有解除，继续交替进行5次背部叩击和腹部冲击，直至梗阻解除。

注意要检查每次拍背及腹部冲击是否解除了气道梗阻，如果解除了梗阻，不需要做满5次。

（3）如果伤员失去意识，应支撑住伤员，将其小心地平放在地上，然后立即启动医疗急救系统。如果有条件的话，马上实施心肺复苏术。

切记避免盲目使用手指清理呼吸道，除非可以明确看到异物，才能手指清除。

2. 肥胖伤员和孕妇

对此类清醒伤员，不宜采用腹部冲击法，可采用胸部冲击法救护。

（四）现场救护方法

1. 背部叩击法

（1）救护人员站到伤员一边，稍靠近伤员身后。

（2）用一只手支撑伤员胸部，排除异物时让伤员前倾，使异物能从口中出来，而不是顺呼吸道下滑。

（3）用另一只手的掌根部在伤员两肩胛骨之间进行5次大力叩击，持续叩击直至梗阻解除。

背部叩击法

2．腹部冲击法

（1）自救腹部冲击法。

1）伤员本人可一手握成空心拳，用拳头拇指侧抵住腹部剑突下脐上腹中线部位；另一只手紧握此拳头，用力快速将拳头向上、向内冲击5次，每次冲击动作要明显分开。

2）还可选择将上腹部抵压在一块坚硬的平面上，如椅背、桌缘、走廊栏杆，连续向内、向上冲击5次，重复操作若干次，直到把气道内异物清除为止。

（2）互救腹部冲击法（海姆利克法）。

1）伤员立位或坐位；救护人员站在伤员身后，双臂环绕伤员腰部，令伤员弯腰，头部前倾。

2）救护员一手握空心拳，握拳手的拇指侧紧抵伤员剑突和肚脐之间；另一手紧握此拳，用力快速向内、向上冲击。

椅背自救冲击法

3．胸部冲击法（成人）

救护人员站在伤员的背后，两臂从伤员腋下环绕其胸部；一手握空心拳，拇指置于伤员胸骨中部，注意避开肋骨缘及剑突；另一手紧握此拳向内、向上有节奏冲击5次，直至梗阻解除。

互救腹部冲击法

4．胸部按压法

与心肺复苏时胸外心脏按压相同。

胸部冲击法

胸部按压法

（五）注意事项

（1）尽早、尽快识别气道异物梗阻的表现，迅速做出判断。

（2）实施腹部冲击，定位要准确，不要把手放在胸骨的剑突上或肋缘下。

（3）腹部冲击时要注意胃反流导致误吸。

（4）气道异物梗阻的现场急救要求救护人员具有救护技能。

（5）使用背部叩击法、腹部冲击法和胸部按压法，可重复进行。持续快速进行，直到异物被移除或伤员能咳嗽或讲话。

（6）伤员失去反应，应立即实施心肺复苏。

二、眼内异物

（一）概述

眼内异物主要包括碎玻璃、铁屑、灰尘或木屑等。电力从业人员在进行电焊、气焊（割）、金属切削等加工中有可能有铁屑异物溅入眼内。角膜异物是电力作业场所常见眼外伤之一。

异物进入眼内，禁止用手揉眼睛，如果异物较大，揉眼可能会擦伤角膜，甚至会使异物嵌在角膜内不易脱落出来，从而加重损伤、影响视力。如果揉眼睛的手不够干净，还极有可能引起角膜发炎。

（二）眼内异物现场救护

首先要分清异物的种类，然后再进行处理。进入眼内的异物大致可分为沙尘类、铁屑类、化学物品类和生石灰类。

1. 沙尘类异物入眼的现场救护

（1）轻轻闭眼，随着反射性增多的泪液冲洗作用及轻轻地瞬目动作，使异物随眼泪自行排出。

（2）可用两个手指捏住上眼皮，轻轻向前提起，由救护人员向眼内轻吹，刺激眼睛流泪，将沙尘冲出。

（3）上述方法如不奏效，则翻开眼皮直接查找异物。

（4）伤员眼睛向上看，救护人员用手轻轻扒开其下眼皮寻找异物。

（5）应特别注意下眼皮与眼球交界处的皱褶处，此处易存留异物，应仔细寻找。

（6）如果没有，可翻开上眼皮寻找，以及眼皮的边缘和白眼球。

（7）找到异物后用干净手绢的一角将异物轻轻沾出。

（8）如果进入眼内的沙尘较多，可用清水冲洗。

2. 铁屑类异物入眼的现场救护

若是飞溅的铁屑等崩入眼内，异物嵌入组织取出困难时，不要勉强反复沾拭和来回擦拭，这样会损伤眼组织。尤其是嵌在黑眼珠（角膜）上的异物绝不能盲目自行剔除，应立即去医院。

3. 化学物品类异物入眼的现场救护

当硫酸、烧碱等具有强烈腐蚀性的化学物品不慎溅入眼内时，易对眼内组织造成严重的损伤。现场急救中对眼睛及时、正规的冲洗是避免失明的首要保证。

（1）事故发生时，应立即就近寻找清水冲洗受伤的眼睛，越快越好。

（2）对于选用的水质不必过分苛求，有什么水就用什么水，凉开水、自来水、井水、河水，绝不能因为寻找干净水而耽误时间。

（3）如果就近能找到自来水，将伤眼一侧头向下方，用食指和拇指扒开眼皮尽可能使眼内的腐蚀性化学物品全部冲出。

（4）若附近有一盆水，伤员可立即将脸浸入水中。边做睁眼闭眼运动，边用手指不断开合上下眼皮，同时转动眼球使眼内的化学物质充分与水接触而稀释，此时救护人员可再另准备一盆水以便更换后继续清洗。

（5）必须注意的是，冲洗因酸碱烧伤的眼睛，用水量要足够多，绝不可因冲洗时自觉难受而半途而废。

（6）伤眼冲洗完毕后，还应立即去医院。

4. 生石灰类异物入眼的现场救护

（1）若是生石灰溅入眼睛内，一不能用手揉，二不能直接用水冲洗。因为生石灰遇水会生成碱性的熟石灰，同时产生大量热量，反而会弄伤眼睛。

（2）正确的方法是，先用棉签或干净的手绢一角将生石灰粉拨出，然后再用清水反复冲洗伤眼至少15分钟，以达到降温、减轻余热损伤、减轻胀痛的作用。

（3）冲洗后立即去医院。

（三）注意事项

（1）异物进入眼内时，不要慌张，不可用手搓揉眼睛。

（2）畏光者可用眼罩或墨镜遮盖受伤眼睛。

（3）出现眼内异物，一定要及时将隐形眼镜摘掉，并及时就医。

（4）户外工作有可能发生异物进入眼内者，最好戴上防护眼镜，做好预防工作。

三、鼻腔异物

（一）概述

鼻腔异物是指鼻腔中存在外来的物质。常见的异物可分为非生物类、植物类、动物类。

（1）非生物类鼻腔异物，如纽扣、玻璃珠、纸卷、玩具、石块、泥土等。

（2）植物类鼻腔异物，如果壳、花生、豆类、果核等。

（3）动物类鼻腔异物，如昆虫、蛔虫、蛆、毛滴虫、水蛭等。

热带地区水蛭和昆虫较多，可爬入野浴或露宿者的鼻内；工矿爆破、器物失控飞出、枪弹误伤等会使石块、木块、金属片、弹丸经面部进入鼻窦，或从眼眶及翼腭窝等处进入鼻腔；异物也可因其他方式进入鼻腔或鼻窦。

（二）鼻腔异物表现

（1）一侧鼻腔堵塞，通气不畅。

（2）由于异物的刺激，鼻黏膜充血水肿，鼻涕增多。

（3）起初为黏液，逐渐会因继发感染而变为脓性鼻涕。

（4）异物长时间刺激，使黏膜糜烂、长出肉芽，以致鼻涕带血或鼻出血。

（5）还可有干酪样物，并闻到臭味。

（6）动物性异物进入鼻内多有虫爬感，日久可发展为鼻窦炎。

（三）鼻腔异物现场急救方法

（1）应安抚伤员的情绪，避免情绪激动时，将异物吸入更深的位置。

（2）尽快到医院耳鼻喉科就诊，不建议自行处理，避免损伤鼻黏膜或者导致异物滑向更深的位置。

（3）取出异物后，救护人员要观察伤员鼻腔有无流血情况，并做好记录。

（4）千万不要自行抠出或者用镊子处理。

（四）预防方法

（1）对车祸、工伤、爆炸、跌倒等伤者清创时要认真仔细清查有无异物遗漏。

（2）输变电人员进行户外作业、巡山时，应避免饮用河水、池塘水、山泉水等野外生水，也不要用这些水来洗脸，防止蚂蟥或其虫卵钻进鼻腔或咽喉部。

（3）野外工作时要严格遵守操作规程，杜绝爆炸等工伤事故发生。

（4）有野外作业经历的从业人员，如有鼻出血及鼻痒、鼻异物感等现象应及时就诊。

四、外耳道异物

（一）概述

外耳道异物是耳鼻喉科较为常见的、因异物进入外耳道而导致的损伤性疾病。夏季，蚊虫肆虐，是外耳道异物高发的季节。

与鼻腔异物类似，外耳道异物常见类型包括非生物类、植物类、动物类等。非生物性异物多为石子、铁屑、玻璃珠、塑料玩具等，也是最常见于儿童外耳道的异物。植物性异物常见为谷粒、豆类、小果核等。动物性异物如体型较小的各种昆虫，可爬入或飞入耳内，多发生于夏季和卫生环境不佳的环境内；伤员多为成人，因在野外过夜处于睡眠状态下遭受昆虫自行侵入。

（二）症状表现

外耳道异物轻者引起耳鸣、耳痛，严重者发脓、听力下降，所以要及时取出。但外耳道的异物如果盲目掏取，可能导致异物刺破鼓膜，引起鼓膜穿孔、感染；如果异物穿透鼓膜进入中耳腔，将损伤听骨链，造成听力损伤甚至失聪的严重后果。

（1）小而无刺激的异物，可长时间停留在外耳道内却没有任何症状，需查看外耳道后才能发现。

（2）异物较大者，会有阻塞感、听力下降、耳胀等症状，若异物压迫鼓膜可致耳鸣、眩晕、耳痛、反射性咳嗽等。

（3）昆虫类入耳，在耳内爬行、骚动，可使人惊慌不安，耳痛、耳痒或刺激鼓膜产生擂鼓样响鸣，甚者出现耳膜被抓破穿孔、出血等。

（4）植物性异物，如豆类、稻谷等，遇水膨胀，可压迫外耳道，致使外耳道肌肤红肿、糜烂、疼痛。

（5）异物位置越深，症状越明显，靠近鼓膜的异物可压迫鼓膜，发生耳鸣、眩晕，甚至引起鼓膜及中耳损伤。

（三）现场救护方法

（1）让伤员保持冷静，不可随意应用身边的工具来试图取出异物，因在没有合适光源和直径适当的工具辅助下，贸然将棉签、挖耳勺等头端膨大的工具深入耳道内容易将异物推向耳道更深处，增加鼓膜受损的风险，也不利于后续医生取出异物。

（2）禁止擅自使用细铁丝、细针等自行制作的工具企图钩出异物。因为外耳道略呈S形弯曲，不熟悉耳道结构将坚硬锐利的物体伸进耳道内极易损伤耳道壁甚至鼓膜。

（3）对有外耳道异物进入或怀疑有外耳道异物的伤员，及时送医，由专科医务人员取出。

（4）昆虫入耳，不建议用对着耳朵照手电、灌香油等方法自救。因昆虫多数畏光，手电筒照射可使它钻得更深，浸泡的方法最多可以限制其活动，却很难将其杀死。

（5）医务人员将根据异物的性质、形状和位置的不同，采取不同的取出方法。

（四）注意事项

（1）异物入耳后，立即到医院就诊取出，避免自行取出时不慎损伤外耳道及耳膜，或将异物越推越深，给异物取出造成更大的困难。

（2）异物取出后，应保持外耳道清洁，以防感染。

（3）当蚊虫钻进耳朵里，不要硬挖硬掏，避免将虫子弄断在耳道内从而引发虫卵的孵化。

（4）戒除不良挖耳习惯，以免断棉签、火柴棒等物遗留耳内，或损伤耳道肌肤。

（5）野外露宿应加强防护，如戴上耳套，以防昆虫误入耳。

第六章
电力作业中的环境相关急症

第一节 溺水

重点 掌握溺水的岸上施救方法和溺水岸上急救流程。

难点 熟悉溺水生存链的含义。

一、概述

国际复苏联络委员会（International Liaison Committee on Resuscitation，ILCOR）将溺水定义为一种淹没或浸润于液态介质中而导致呼吸障碍的过程。

如果溺水者被救，溺水过程就被中断，即为非致命性溺水。如果是因为溺水而在任何时候导致死亡的，即为致命性溺水。现在已经废除"湿或干性溺水""积极/被动/沉默性溺水""二次溺水""濒临溺水"等术语。

溺水是一个连续过程。溺水者浸水后起初会出于反射而屏住呼吸，在这一过程中，溺水者会反复吞水；随着屏气的进行，溺水者会出现缺氧和高碳酸血症；喉痉挛反射可能会暂时地防止水进入到肺内；然而最终这些反射会逐渐减少，水被吸入肺内。

溺水生存链包括五个环节：预防溺水、识别灾难、提供漂浮物、移离水中、现场急救。

二、溺水岸上施救

在对溺水者进行救护前，首先要将其从水中转移至干燥的陆地，而这一过程对于救护人员来说比较危险。

溺水生存链

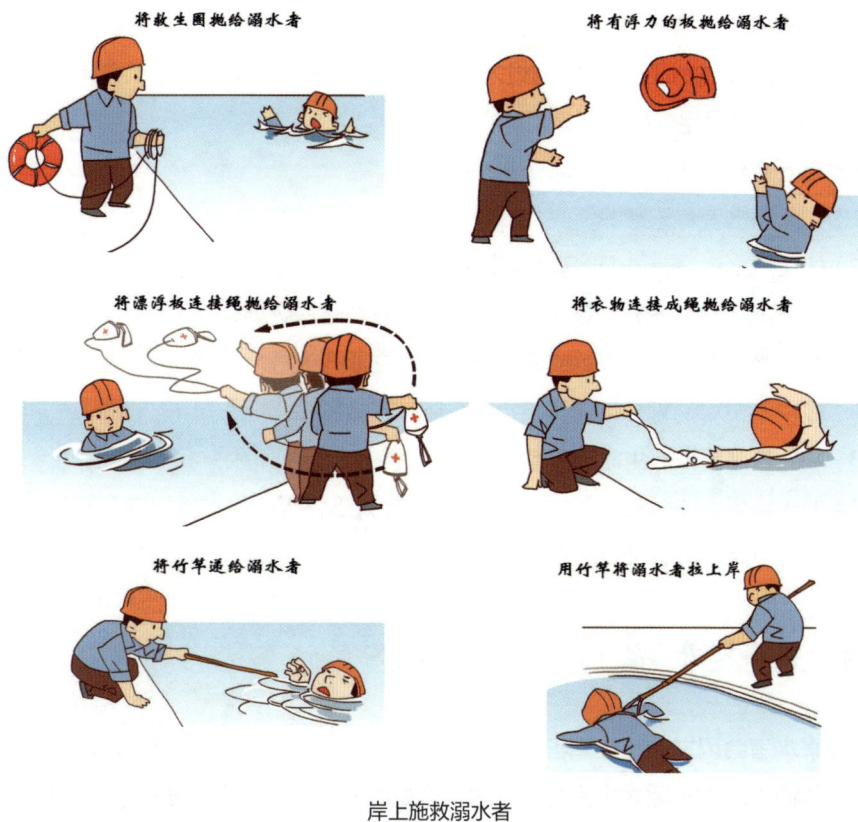

将救生圈抛给溺水者　　将有浮力的板抛给溺水者

将漂浮板连接绳抛给溺水者　　将衣物连接成绳抛给溺水者

将竹竿递给溺水者　　用竹竿将溺水者拉上岸

岸上施救溺水者

如果溺水者离岸边较近，首先要将棍子或绳索递给或抛给溺水者，或是把救生圈扔向溺水者。如果这达不到目的，在没有船的情况下，要衡量自己下水救援的风险；如果有船，营救时也要做好自身防护——穿上救生衣、带上救生圈。专业救护人员下水救援时要相当警惕，避免和处于慌张状态的溺水者靠得太近。因为溺水者很可能会由于恐惧出现挣扎，从而把救护人员也拉进水。即便明显看起来溺水者已经没有知觉，但也有可能"恢复"知觉造成危险。

溺水岸上施救的要点及注意事项：

（1）将绳子、竹竿、衣物连接成的绳索等物品，抛给或递给溺水者；

（2）可以利用救生圈、木板、泡沫板等具有浮力的物品，使溺水者漂浮；

（3）不应手拉手救人；

（4）施救者应处于下游，顺水拉回溺水者。

三、溺水岸上救护方法

溺水最关键的病理生理特征是心脏骤停前因低氧而出现的心动过缓，因此针对溺水者开放气道要排在第一位。通过给予通气的复苏以纠正低氧血症至关重要，而纠正缺氧可帮助自主呼吸或循环的恢复。救护人员要时刻记住，在抢救因溺水引起的心脏骤停时，主要目的是恢复足够的通气。

溺水岸上急救方法：

（1）判断溺水者有无意识；

（2）如果溺水者没有意识，营救者应大声呼救，并拨打急救电话；

（3）判断溺水者的呼吸，专业救护人员应同时判断其脉搏；

（4）如溺水者无呼吸、心跳或呼吸异常，应立即开放溺水者气道；

（5）提供2~5次急救呼吸/通气，如有可能，连接氧气；

（6）判断其是否恢复生命迹象；

（7）如未恢复，按照30：2的胸外心脏按压与人工呼吸比例进行心肺复苏术；

（8）如有可能，获取AED，遵循提示操作。

四、关于控水

部分溺水者会因发生喉痉挛或屏住呼吸而并不会吸水到肺内。即使吸进了水，也不需要清除气道内的水，因为大多数溺水者吸入的水量并不多，而且吸入肺部的水会很快就吸收入循环血液中。因而，通过任何手段（包括倒置躯体、腹部推压法、海姆立克式急救操作）去除呼吸道内的水都是没有必要的（除了吸引之外），还可能会造成潜在危险，如胃内容物反流造成气道异物窒息。所以，对呼吸、心脏骤停的溺水者禁止任何形式的控水。

第二节 交通事故

🔔 **重点** 熟悉交通事故现场不同伤情的现场救护方法。

ⓘ **难点** 熟悉事故发生的应急措施。

一、概述

交通事故是车辆在道路上因过错或意外造成的人身伤亡或财产损失的事件。在发生事故的一刹那如何使身处困境的自己由被动变为主动，对减少伤亡起着至关重要的作用。

上午11时至下午1时、下午5时至晚上9时：这个时段发生的事故占事故总量的40%。

午夜0时至凌晨3时：容易发生重大交通事故，最容易导致创伤，甚至死亡。

创伤死亡有3类死亡高峰阶段。

第一类死亡阶段：伤员在事故发生后几分钟至1小时内死亡。针对此类伤员，即使很快给予专业治疗，伤员存活率也是极低。所以预防事故发生至关重要。

第二类死亡阶段：在发生事故后几个小时内死亡。针对此类伤员，可通过高效的院前急救和优质的院内抢救与护理。

第三类死亡阶段：事故发生后几日至几周内，伤员通常会出现器官衰竭而死亡。因此提高院内多部门综合治疗质量，有可能遏制死亡现象的发生。

在交通事故现场，救护人员在现场应把握"黄金一小时"，利用宝贵的头几分钟进行快速伤情评估，开展及时有效的救护，努力减少伤员在现场停留的时间。

在各类意外事故中，第一死亡高峰在发生事故后60分钟内。在这60分钟内，从事故发生到最初的10分钟，是急救处置的关键时期，对伤员的生存率起着决定性的作用。

二、应急措施

（一）驾车安全

情景	应急方法
车落水但未发生侧翻	↗ 打开电子中控锁，解开安全带，从车门逃生。 ↗ 车身已没入水中，因车内外气压不同，车的门和窗无法打开。须等水从车的缝隙中涌入，在车快灌满时再尝试开车门逃离。 ↗ 如安全带无法解开，可用尖锐物快速割开。 ↗ 当车已断电，无法打开车门和窗户，可使用安全锤或使用座位头枕下方的金属杆砸开车窗的下面边缘，获取逃生机会

续表

情景	应急方法
车落水后发生侧翻	↗ 马上解安全带。安全带无法解开，可用尖锐物快速割开。 ↗ 可通过车门窗和天窗逃生。首先判断更靠近水面的车窗，尽快砸开逃离。车门窗和天窗最薄，相对容易砸碎。 ↗ 砸窗前，深吸一口气，以防被涌入的水流呛到。 ↗ 砸窗时，避免玻璃划伤。 ↗ 保持面部朝上，快速离开车辆，憋一口气全力游向水面，寻求帮助
轿车着火	↗ 立即熄火关闭电源，下车。 ↗ 观察火情及起火部位。 ↗ 用湿毛巾和扳手打开引擎盖。 ↗ 正确使用灭火器材进行灭火。 ↗ 如3分钟内未将着火点的明火扑灭，火势越来越大，应立即远离汽车并大声告知附近的人群勿靠近，并拨打"119"报警，等待救援
作业车辆着火	↗ 判断燃烧部位，将车开到安全地段，避开加油站、高压线或人群密集处。 ↗ 停车后，关掉电闸。 ↗ 快速打开车门，组织乘客有序疏散。如无法开门窗，可使用安全锤砸开。疏散乘客时，应逆风向躲避。 ↗ 驾驶员使用灭火器，尽量压制火势。灭火器应对准火源的根部灭火。 ↗ 发动机或车轮着火时，不要打开发动机罩，应马上停车关电闸，快速逃离，且拨打119求救。 ↗ 当火逼近自己而无法躲开时，应保护裸露的皮肤，不要张嘴呼吸或高声呼救
与其他车辆有迎面碰撞的可能	↗ 向右侧稍转方向，随即适量回转，并迅速踩踏制动踏板
与其他车辆即将发生正面碰撞	↗ 应紧急制动，以减少正面碰撞。 ↗ 发生相撞瞬间，迅速判断可能撞击的方位和力量。 ↗ 如撞击的方位不在驾驶人一侧或撞击力量较小时，驾驶人应用手臂用力支撑转向盘，两腿向前蹬直，身体后倾，头向后仰，保持身体平衡，防止撞击时身体向前撞击转向盘，头部撞到挡风玻璃上受伤。 ↗ 如撞击的部位临近驾驶座位或撞击力较大时，驾驶人要迅速躲开转向盘，往副驾驶座位移动，同时将两腿抬起，避免胸腹部被转向盘挤压

续表

情景	应急方法
被后车追尾碰撞	↗ 未撞前的一刹那稳定好身体，在安全带拉紧的情况下，曲体双臂抱着大腿，以防止车辆前部因撞击变形而挤压伤亡。 ↗ 碰撞时，驾驶人应紧靠椅背，双手迅速置于脑后，合并护住头后部，双脚勾住脚踏板
车侧面相撞	↗ 立即顺车转向，努力争取使侧面相撞变成碰擦，以减少损伤程度

（二）乘车安全

1. 公共汽车乘车安全

（1）安全防范措施。

1）若车内乘客稀少，应选择距司机较近的位置。

2）乘车途中不要睡觉。

3）儿童在行驶的车内不要跑跳、打闹。

4）发觉可疑人、可疑物，或遇到骚扰，应通知司机或售票员，并撤离到安全距离。

（2）应急要领。

1）遇到火灾事故，乘客应迅速撤离着火车辆，不要围观。

2）遇到险情时，双手紧紧抓住前排座位或扶杆、把手，低下头，利用前排座椅靠背或手臂保护头部。

3）保持镇定，不要大喊大叫，不要指挥司机，不要在高车速时跳车。

4）出现伤亡情况时及时施救并拨打急救电话。

2. 出租车乘车安全

（1）安全防范措施。

1）早间或夜间搭车，要记住车牌号、运营公司标志、运营证号码等信息。

2）老人、女士、孩童不要独自搭乘出租车。

3）应在照明充足的地方等车。

4）乘车途中不要睡觉。

5）不要搭乘装潢怪异、玻璃窗视线不明、车号不清的车辆。

6）若与司机交谈，勿透露个人生活作息、家中财产状况等信息。

（2）应急要领。

1）遇到险情时，双手紧紧抓住前排座位或扶杆、把手，低下头，利用前排座椅靠背或手臂保护头部。

2）拨打急救电话。

3）上车后，注意车门及车窗开关是否正常，若发现有异状或司机有喝酒、衣着不整、言语不正常等情形时，应尽可能想办法下车。

4）指定行车路线，并留心沿路景物，发现异常时，准备随时反应。

5）遇到状况时，应尽量留下求救信号、个人物品等，为解救提供重要线索。

3. 顺风车或拼车乘车安全

（1）安全防范措施。

1）区别顺风车、拼车和非营运车辆。

2）车、人、证要一致。

3）记录行车路线和车主信息。

4）与车主提前沟通细节。

5）确定是否有保险。

6）女性车主或乘车人应有熟悉的男性成年亲友相伴。

7）与陌生人拼车时，车主和乘车人有必要互相了解对方的真实身份及联系方式。

（2）应急要领。

1）尽量选择可靠可信的网络平台进行预约。

2）注意车主的路线是否是预设路线，发现路线错误要随时提出来，要求对方开往闹市区。

3）如果车主有多收费用或取消平台订单进行私下交易等行为，多为非法营运，应尽量避免搭乘。

4）提前将车主信息、自己的搭乘路线、出行时间发送给自己的亲朋好友。

5）上车后应坐在驾驶员后面的位置，不要坐到副驾驶的位置。

6）在车上若与司机或同车乘客发生不愉快，要控制自己的情绪，努力记清对方体貌特征，选择事后报警或投诉处理。

三、常见伤害类型

交通事故中，最常见的损伤是挫伤和骨折，受伤部位大多为头部、四肢、盆腔、肝、脾、胸部等。死亡的主要原因是头部损伤、严重的复合伤及碾压伤等。

1. 颅脑外伤受伤表现

（1）头部血肿或出血，头颅凹陷变形。

（2）意识不清。

（3）剧烈头痛、恶心、呕吐。

（4）视物模糊，瞳孔改变。

（5）鼻子、耳朵溢出血性液体，其痕迹的中心呈红色而周边清澈，或流出的无色液体干燥后不呈痂状。

（6）眶周皮下及球结膜下瘀血斑（熊猫眼征）。

2. 肋骨骨折刺伤肺部受伤表现

（1）被方向盘撞到胸部后出现，或由收紧的安全带造成。

（2）胸部有擦伤或瘀血。

（3）胸廓变形。

（4）胸部剧痛。

（5）胸闷、气促、呼吸困难。

（6）脸色苍白、出冷汗、脉搏细速等低血容量休克表现。

3. 肝、脾、胰、肾等腹部器官出血表现

（1）主要表现为腹腔内出血，包括面色苍白、脉搏加快，严重时脉搏微弱，血压不稳，甚至休克。

（2）腹痛呈持续性，一般并不剧烈，腹膜刺激征也并不严重。

（3）肾脏损伤时可出现血尿。

4. 外伤出血受伤表现

（1）动脉出血：呈泉涌、搏动性，尤其是大的动脉血管破裂，血液呈喷射状，颜色鲜红，常在短时内造成大量失血，易引起生命危险。

（2）静脉出血：缓缓不断地外流，颜色暗红。

（3）毛细血管出血：血液成水珠样流出，多能自动凝固止血。

5. 骨折受伤表现

（1）肢体疼痛、压痛、活动痛。

（2）局部肿胀，瘀斑。

（3）畸形。

（4）功能障碍。

（5）可扪及骨擦音或骨擦感。

（6）严重者可发生休克。

6. 脊柱骨折受伤表现

（1）颈部、后背部或腰部疼痛。

（2）骨折部位压痛。

（3）脊柱部位出血、包块或脊柱变形。

（4）合并脊髓损伤时，可有不全或完全瘫痪表现，如四肢无力、手脚麻木、大小便功能障碍、下肢或四肢瘫痪等。

四、现场救护方法

（一）交通事故现场救护原则

1. 确保安全

观察现场是否存在威胁安全的危险因素，如有危险应设法尽快排除，在确保安全的前提下进入现场。

（1）对引起爆炸与火灾的隐患进行排查。迅速对车体内的发动机、储气箱、储油箱、油路、随车危险物等一切可能爆炸和引发火灾的隐患进行移除。

（2）对地形进行勘察。对可能因车祸造成的山体滑坡、地质下陷、隧道倒塌、桥梁断裂等情况，应及时采取防范措施或进行防范标示。

（3）对车体进行固定。当车体处在悬崖、斜坡或其他不稳定的位置时，应对车体进行固定。固定方法有3种：

1）用器材顶住，如木棍、三角木、砖块等顶住车体支架和轮胎；

2）用钢丝将车体与大型固定物体连接；

3）用重型消防车或抢险救援消防车将车体拉住。

2. 设置警示标志

发生交通事故时要立即停车，打开双闪灯，并在来车方向50~100米处设置警示标志，高速公路应在来车方向150米左右设置警示标志。

设置安全警示标志

3. 及时求救

（1）拨打交通事故报警电话122。

（2）事故若有人员伤亡应及时报警并拨打120急救电话。

（3）发现车辆变形导致车内人员无法离开或车辆起火、事故车装有危险化学品等，要拨打119求助。

及时求救，保护现场

4. 保护现场

维持现场秩序，尤其避免随意搬动伤员，以免加重伤情。

5. 检伤分类

检查伤员的人数、受伤部位、严重程度等，全身检伤按顺序依次为：头—颈—胸—背—腹—臀—四肢。

6. 抢救伤员

有序抢救、按照国际救助优先原则，争分夺秒抢救伤员，必要时可将伤员转移到安全地点再进一步救护。

（二）常见交通事故伤情急救

1. 昏迷现场救护方法

（1）使伤员处于侧卧位。

（2）清除伤员口腔和气道分泌物。

（3）对伴有躁动不安或抽搐的伤员，应防止其坠地。

（4）监测伤员生命体征，一旦伤员发生心脏骤停，立即进行心肺复苏。

清理昏迷伤员口腔分泌物

2. 颅脑外伤现场救护方法

（1）不要随便移动伤员。

（2）无脊柱损伤的伤员，应将其头部垫高约15度或采取坐位。

（3）头皮出血的伤员，可用敷料直接压迫止血。

（4）脑脊液鼻漏或耳漏时，让伤员向患侧卧位，不能用纱布或棉球塞在鼻腔或外耳道内。

3. 胸部外伤现场救护方法

总救护原则：堵住伤口，让气体不再进出胸腔，将开放性气胸变为闭合性。

（1）用无菌敷料或用塑料膜覆盖伤口。

（2）用胶布把敷料或塑料膜周围粘住封固，加压包扎。在呼气末，进行三边封固包扎最好。因为呼气末时，胸腔内大量气体都呼出，此时胸腔内的气体最少。

4. 休克现场救护方法

（1）评估失血程度。快速评估伤员的出血程度，做好记录，及时向120调度员汇报。评估失血程度方法见下表。

（2）调整伤员体位。伤员一般采取头和躯干提高20~30度，下肢提高15~20度。

（3）处理伤情。

休克平卧腿抬高

1）快速控制出血。使用各种方法止血，以免出血过多导致休克。用敷料压迫伤口，加压止血。绷带可包扎伤口，控制出血。止血带可控制肢体大出血。

2）伤口填塞。对无法压迫的部位，用无菌纱布填塞。

3）保暖。盖上保温毯，去掉湿的衣物。不可加温。

4）呼吸：保持呼吸道畅通。

（4）快速就医。送医时，将伤员的出血情况、出血时间、出血部位、出血原因和上止血带的时间做好记录，给医生进行汇报。出现以下情况须马上送医院治疗：

1）严重创伤；

2）出血不止；

3）生命体征不稳定。

失血程度与体征					
表现 程度	失血量	心率（次/分钟）	血压与脉压	呼吸（次/分钟）	情绪
一级失血	≤750毫升 （小于总容量的15%）	＜100	血压正常， 脉压正常	14~20	轻度焦虑
二级失血	750~1500毫升 （占总容量的15%~30%）	100~120	血压正常， 脉压变窄	20~30	中度焦虑
三级失血	1500~2000毫升 （占总容量的30%~40%）	120~140	血压降低， 脉压变窄	30~40	焦虑， 意识障碍

续表

失血程度与体征					
表现 程度	失血量	心率（次/分钟）	血压与脉压	呼吸（次/分钟）	情绪
四级失血	≥2000毫升 （大于总容量的40%）	＞140	血压降低， 脉压变窄	＞35	恍惚、 昏睡

5. 扭伤现场救护方法

（1）停止活动。

（2）早期冷敷30分钟左右。冰袋按压在疼痛部位5~10分钟后拿开片刻，再压敷上去，免得伤员感觉过于疼痛或太冷。在没有冰块情况下，可用雪糕冰棍，砸碎后敷于伤处。

（3）用绷带或衣物加压包扎。腰部扭伤不用加压治疗。

（4）抬高伤肢，一般不超过30度。

（5）扭伤24~48小时后，可用热毛巾等热敷伤处。

6. 出血现场救护方法

常用的止血方法详见第四章第一节相关内容。

7. 骨折现场救护方法

不同部位的骨折固定方法详见第四章第三节相关内容。

冷敷用冰袋

第三节　暑热伤害

🔆 重点　掌握中暑分级和现场救护方法。

ⓘ 难点　掌握中暑预防方法。

一、概述

中暑是在高温作业环境条件下，出现以体温调节中枢功能障碍、汗腺功能衰竭和水电解质丧失过多为主要表现的急性疾病。

电力生产有不少工作是在露天、高温、闷热的环境中进行的，尤其在南方酷暑季节时，环境温度过高，空气湿度大，工作人员由于工作繁重，劳动强度大，体内余热难以散发，热量在体内积聚，导致体温调节中枢失控而发生中暑。重度中暑也偶有发生，若伤员因抢救不及时或救护不当而死亡，将造成电力生产事故。

中暑类型及表现症状

中暑类型	表现症状
先兆中暑	头昏、头痛、口渴、多汗、乏力、注意力不集中等症状
轻度中暑	头晕、全身乏力、面色潮红、大量出汗，体温升至38摄氏度以上
重度中暑	热痉挛：高温环境，剧烈运动及大汗之后，出现肌肉痉挛，持续几分钟可缓解；无明显体温升高；无神志改变
	热衰竭：高温环境运动大汗之后，出现恶心、头晕、呕吐、肌肉痉挛、疲乏无力、心动过速、低血压等症状；体温可轻度升高；神志清醒；有恶化为热射病风险
	热射病：高热（体温高于40摄氏度）并出现神志障碍，甚至多脏器功能衰竭，死亡率高

二、应急救护原则

1. 转移环境

发现有中暑伤员，应立即将其从高温或热晒环境中转移到阴凉通风处休息。

2. 松脱衣物

让中暑伤员仰卧解开衣扣，脱去或松开衣服，如衣服被汗水湿透，应更换干衣服，促进散热。

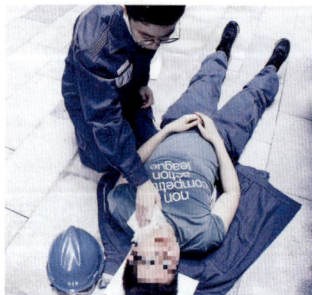

松脱衣物

3. 降低体温

借助电风扇、空调降低环境温度，可用15摄氏度冷水擦浴、湿毛巾覆盖身体、头部置冰袋等方法降温。

4. 口服补液

为意识清醒的中暑伤员饮服淡盐水、凉的饮料等解暑。

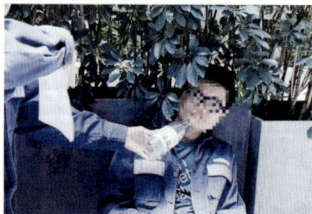

降低体温，口服补液

5. 救治重症

对于重症中暑伤员立即拨打120电话，给予吸氧，送医院治疗。

（1）热痉挛。可饮用果汁、牛奶等，有条件静脉补充5%葡萄糖或生理盐水。在伤员可忍受的情况下，可用毛巾包裹冰袋敷在痉挛区域，不要超过20分钟。

（2）热衰竭。

1）拨打急救电话。

2）将伤员置于阴凉处休息，脱去过多衣服。

3）喷洒凉水降温。可在伤员颈部、腋窝和腹股沟处放上湿冷的布块。

4）服用电解质饮料、果汁或淡盐水。

（3）热射病。

1）拨打急救电话。

2）立即将患者浸入冷水中降温，注意患有心血管疾病的伤员不能耐受温度过低的水；如不能浸入水中，可喷洒水，然后扇风，利用蒸发冷却。浸入冷水降温时，一旦体温恢复正常，立即停止冷水浸泡降温，以免低体温症发生。

3）如神志转清醒时，可给伤员喂水，或饮用电解质饮料。

4）专业医疗救治应积极补液治疗。

三、中暑的预防方法

（1）提高防暑意识和救护能力。电力企业每年应为职工开展防暑专题培训。尤其是施工、检修和运行人员，参加培训和救护技能训练，能有效提高其防暑意识和救护水平。

（2）保持充足睡眠。夏天日长夜短，气温高，人体代谢旺盛，消耗大，容易疲劳。充足睡眠，可使大脑和身体各系统得到恢复。

（3）避开高温时段作业。从事电力建设或检修人员，在高温时节，避开高温时段露天作业。如出工时间为：早上7:00或7:30；中午11:00或11:30收工；下午15:00或15:30出工，19:00或19:30收工。

（4）缩短作业时间。在酷暑高温季节，施工人员在露天或闷热场所作业时，现场管理人员应缩短作业时间。

（5）加强通风和降温。地下室、炉膛、烟道、容器、沟井、隧道和管道等均为温度高、通风不良的环境。此类环境，应加强通风和降温。如炉膛、烟道内，温度在60摄氏度以上，工作人员不准进入检修和清扫工作。应当保证引风机正常运行，进行降温，使炉膛、烟道内的温度降到60摄氏度以下时，方可进行检修和清扫工作。

第四节 低温伤害

☼ **重点** 掌握冻伤的现场急救方法。
ⓘ **难点** 了解冻伤的预防方法。

一、概述

冻伤是当气温较低（常见在零摄氏度以下）、空气较潮湿、风速较大时，人体体温快速下降，引起局部乃至全身的损伤；在寒冷的作用下，四肢远端和面部的暴露部位末梢小血管发生血栓，局部组织坏死。其损伤程度与寒冷的强度、风速、湿度、受冻时间以及局部和全身的状态有直接关系，局部出现冻伤是全身抗寒能力弱的表现。

冰雪天气可能会造成倒塔、配电线杆塔倒杆或倾斜，造成一定范围内停电，对社会造成很大影响，电力从业人员须顶着恶劣天气进行线路维护和检修。此时，职工有可能面临冻伤的风险。若在寒冷环境中作业的电力职工出现受冻部位皮肤苍白、温度低、麻木刺痛等冻结表现，排除其他疾病原因，即可确定为冻伤。冻伤通常容易发生于手部、足部、耳朵、鼻子、脸颊等部位。轻时可造成皮肤一过性损伤，要及时救治；重时可致永久性功能障碍，需进行专业救治，否则可危及生命。

通常按照受损时环境的温度是否达到组织冰点以下和局部组织有无冻结史，可分为冻结性冻伤和非冻结性冻伤。

（1）非冻结性冻伤。出现冻疮（0~10摄氏度）。

（2）冻结性冻伤。出现局部及全身性冻伤（小于零摄氏度）。

根据冻伤程度，冻伤可分为以下几种。

以下人群容易出现冻伤的：儿童，身体虚弱的老人，营养不良的人，患有自身免疫系统疾病的人，长期疲劳工作的人，长期处于心理紧张状态的人，长期节食的人，血压过低或血糖过低的人，身体遭受严重创伤的人，长期暴露在潮湿寒冷环境的人，长期不活动的人，长期穿紧衣物的人，接触制冷剂的人，患糖尿病、周围血管性疾病的人。

分类	病理损害	特点
一度冻伤	红斑性冻伤 损害在表层	局部红肿； 有发热、痒、刺痛感； 数日后干痂脱落而愈合； 不留瘢痕。
二度冻伤	水疱性冻伤 损害在真皮层	局部红肿明显； 有水疱形成； 水疱内为透明或乳白色液体； 自觉疼痛； 如无感染，结痂愈合后少有瘢痕。
三度冻伤	坏死性冻伤 损害在全层及皮下	创面由苍白变为黑褐色； 周围红肿、疼痛； 出现血性水疱； 愈合缓慢，且留有瘢痕。
四度冻伤	深层坏死 损坏深及肌肉、骨髓	可发展为干性坏死； 如继发感染，则呈湿性坏死； 愈合缓慢，且留有瘢痕； 愈后多留有功能障碍或残废。
冻僵	全身冻伤	出现寒颤、苍白、发绀、疲乏、无力等； 继而出现肢体僵硬、麻木、幻觉； 继之神志模糊，甚至昏迷； 严重者心律失常、心脏骤停。

二、冻伤现场急救方法

冻伤的早期发现、早期诊断及有效的现场急救是降低致残、致死率及最大限度减少肢体功能丧失的关键。

1. 现场急救总原则

伤员必须现场处理，迅速脱离冻伤现场，尽快让冻伤部位复温，对严重的伤员快速送医院治疗。

2. 复温的方法

（1）用棉被、毛毯或皮大衣等保护受冻部位。

（2）迅速将伤员搬到相对温暖的环境，如有暖气的房间。

（3）脱掉潮湿紧箍的衣服。

（4）利用热水袋局部加温。如没有热水袋的时候，可用温暖的双手捂住冻伤的面颊直至疼痛恢复，或将轻度冻伤的手放在腋窝下、腹部或大腿根部复暖，或将冻伤的脚踝放在同伴腹部衣服下复暖。

（5）通过进食补充热量。

（6）将处于冻结状态的受冻肢体浸泡在40～42摄氏度的温水中（没有温度计时，可用手试水温，以不烫手的水温为宜）直至指（趾）端红润、血液循环恢复为止。完全融化一般需要30～60分钟，或更长时间。如鞋靴与肢体冻结在一起、不易脱掉时，可将鞋靴连同肢体一并浸入温水中，待融化后剪掉或脱掉。在浸泡过程中，须注意水面要超过冻结部位，保持水温并防止烫伤。严禁直接用明火加热容器，如需加热时，应先将肢体取出。

（7）对于面颊、耳、鼻等不能浸泡的颜面冻伤部位，可用42摄氏度的温热毛巾局部热敷，使之复温。

（8）温水快速复温过程中，冻伤部位恢复感觉时可出现剧烈疼痛，若口服止痛药后仍不能耐受疼痛，可口服或注射镇痛药缓解疼痛。

现场急救"六禁止"：

（1）禁止冰雪搓擦冻伤处；

（2）禁止冻伤后烤明火复温；

（3）禁止在寒冬中饮酒的方式防止冻伤；

（4）禁止挑破冻伤部位出现的水疱；

（5）禁止摩擦冻伤处；

（6）禁止用已融化的冻伤肢体行走，以免造成水疱破裂和软组织创伤而导致感染。

三、预防冻伤的方法

手指或肢体在发生冻伤之前能够保持麻木的时间长短是未知的，因此应尽快处理。有冻伤危险的肢体（如肢体麻木、灵活性差、颜色苍白）应在腋窝或腹部附近取暖或用同伴的体温复温，或采取其他措施保护皮肤免受寒冷，防止冻伤。冻伤预防措施包括确保局部灌注、锻炼、防寒防湿等。

（一）确保局部组织灌注

（1）保持足够的核心温度和体内水分。

（2）覆盖所有皮肤和头皮，避免血管收缩。

（3）尽量减少对血液流动的限制，如不穿紧身的衣服、鞋子或活动身体。

（4）保证充足的营养。

（二）锻炼

（1）适当活动，防止久站或久坐。

（2）如搓脸、搓耳、搓手、跺脚等促进血液循环。

（3）避免过度运动而导致疲惫或热量丧失。

（三）防寒防湿

（1）不要待在零下15摄氏度以下的环境，即使风速较低。

（2）保护皮肤不受潮湿、大风、寒冷的刺激。

（3）避免出汗或四肢潮湿。

（4）适当分层衣物，增加隔热和皮肤保护。

（5）确保对不断变化的环境条件做出适当的行为反应（如不受药物、酒精或极度低氧血症的影响）。

（6）使用化学暖手、暖脚器和电动暖脚器来保持周围的温度。

（7）对肢体麻木、疼痛或担心可能发生冻伤的部位进行"冷检查"。

（8）在非冻结性冻伤或浅表冻伤加重前，早期识别出冻伤。

（9）尽量缩短暴露在寒冷中的时间。

（10）润肤剂不能预防冻伤，甚至可能增加冻伤的风险。

（四）预防感染

（1）不要用手抓冻伤处。

（2）冻伤之后，坚持涂抹药膏。

（3）保持伤处的清洁卫生。

第五节　火灾

🔔 **重点**　掌握火灾逃生基本知识及现场救护措施。

ⓘ **难点**　了解"四早"的实施要点。

一、概述

燃烧是可燃物与氧化剂作用发生的放热反应，通常伴有火焰、发光和（或）光气现象。通常在时间和空间上失去控制的火称为火灾。

电力企业的办公楼为高层写字楼。高层写字楼其人员多而复杂，流动性大，且与易燃物品接触频繁，稍有不慎就可能导致写字楼安全管理系统失效或运行缺陷，致使写字楼因各种人为或自然原因发生火灾，不但造成巨额的财产损失，而且威胁到职工的生命安全。

输电公司、电厂的仓库保存各种生产用品，仓库完善消防安全管理制度的执行至关重要。仓库一旦发生火灾，造成的危害和损失更不可小觑。用火不慎、吸烟，超负荷、不规范用电或电气老化、电气线路故障，不按照火灾危险性类别进行物品储存、使用和堆放，或者擅自违法违章改变仓库性质等，均有可能导致火灾发生。

根据可燃物的类型和燃烧特性，火灾分为A、B、C、D、E、F六类。

A类火灾

可燃物为固体物质。一般在燃烧时产生灼热的余烬，如木材、棉、毛、麻、纸张。

B类火灾

可燃物为液体或可熔化的固体物质。如汽油、煤油、原油、甲醇、乙醇、沥青等。

C类火灾

可燃物为气体可燃物。如煤气、天然气、甲烷、乙烷、氢气等。

D类火灾

可燃物为金属可燃物。如钾、钠、镁、钛、锆、锂等。

E类火灾

可燃物为带电设备等带电物体。如变压器等设备的电气火灾。

F类火灾

可燃物为烹饪器具内的烹饪物。如动植物油。

二、火灾的处置

遇到火灾时不要惊慌，冷静判断火源方向、火势大小等情况，在火灾的逃生及处理方面可以选择性实施"四早"。

（一）"四早"

"四早"即"早报警、早灭火、早撤离、早救护"。

1. 早报警

一旦发生火灾，可直接敲响警铃或拨打119报警。报警时要讲清火灾详细地址、起火部位、着火物质、火势大小及被困人员多少，最后要留下姓名和联系电话，并派人到路口候车。

早报警

2. 早灭火

根据火灾性质与现场情况，选择合适的灭火方法。

火灾类型	火灾特点	扑救方法	注意事项
A类火灾	燃烧物为固体物质，一般在燃烧时产生灼热的余烬	采用水冷却法	注意使用水冷却法时，尽量减少因水渍造成纸质文件的损失；对珍贵图书、档案应用二氧化碳、干粉灭火剂灭火

火灾类型	火灾特点	扑救方法	注意事项
B类火灾	燃烧物为液体或可熔化的固体物质	切断可燃液体的来源，同时将燃烧区可燃液体排至安全地区，并用水冷却燃烧区可燃液体的容器壁，减慢蒸发速度；及时使用大剂量泡沫灭火剂、干粉灭火剂将液体火灾扑灭	注意不能用水直接进行灭火
C类火灾	燃烧物为气体	关闭可燃气体阀门；选用干粉、二氧化碳灭火器灭火	谨记灭火前，须关闭可燃气体阀门，否则容易发生可燃气体爆炸
D类火灾	燃烧物为金属	应用特殊的灭火剂，如干砂等	镁、铝燃烧时温度非常高，水及其他灭火剂无效。燃烧物有钠和钾时禁用水扑救，因水与钠、钾起反应放出大量的热和氢，会促进火灾猛烈发展
E类火灾	燃烧物为带电物体和精密仪器等物质	可用"1211"（有毒）或干粉灭火器，二氧化碳灭火器进行灭火	进行灭火时，应选用灭火药剂绝缘性能好的灭火器，以避免发生触电伤人事故
F类火灾	燃烧物为烹饪器具内的烹饪物	可用灭火毯直接扑灭	灭火时，千万别用水

3. 早撤离

及时关闭易燃、有毒气体管道的阀门，关闭电源总闸；关闭空调送风系统的送风机、送风口及防火门，同时开启排烟口。

逃生时应大声呼喊通知附近的人逃生。注意有序逃生，避免发生踩踏。逃生时应注意以下事项。

（1）保证呼吸，防烟毒害。逃生时应戴上防毒面罩或用湿毛巾、湿衣服捂住口鼻，匍匐前进，避免浓烟毒害。

（2）选择楼梯，摸墙外逃。逃生时应选择安全楼梯，沿着墙壁边缘触摸下逃。切忌选择普通电梯逃生。

（3）结绳下滑，禁坐电梯。先逃至低楼层再结绳下滑，疏散至避烟区等待救援。严禁坐普通电梯。如开启了消防电梯，在工作人员的指引下可乘坐。

早灭火

早撤离

（4）关门防烟，盖衣防火。如发现屋外起火，不能开门，用手触摸房门，感觉温度，并向房门泼水降温。可将泡湿的纺织物如衣物、床单、棉被封住门缝，防止浓烟进入。火势较弱时，可将自己身上的衣物淋湿，头部、身体盖上泡湿的纺织物，弯腰低头向外逃生。

（5）回屋关门，对外求救。火势较强时，可跑至阳台、空调架或打开窗口，挥动颜色鲜艳的衣物呼救。

（6）被迫跳楼，缩小落差。若处三楼以下，火势危急，被迫跳楼时，尽可能先扔下棉被、海绵床垫等护垫，或手扶水管、铁杆等下滑，尽量收小落差后跳下。跳下时应用枕头或手保护头颈部，脚朝下跳至护垫处。

（7）身上着火，不要惊跑。身上着火时，应设法脱掉衣服或就地打滚压灭火苗；有条件的可及时跳进水中或向身上浇水，以熄灭火苗。

防烟毒

屋外起火，不能开门

呼喊求救

缩小落差，结绳下滑

熄灭身上火苗

4. 早救护

（1）脱离火源：灭火后将衣服脱去，如衣服和皮肤粘在一起，只能把未粘皮肤的衣服剪去。

（2）保护创面：不能涂易上色的外用药，处理方法参见第五章第一节相关内容。

（3）处理合并伤。

（4）防止休克、感染。

（二）灭火器基本使用方法与注意事项

灭火器类型	使用方法		注意事项
手提式灭火器	一人使用口诀：一提，二拔，三握，四压，五瞄，六射	一提：提起灭火器 二拔：拔出安全插销 三握：握住皮管，朝向火苗 四压：用力压下鸭嘴 五瞄：朝火源根部喷 六射：左右移动喷射	↗ 灭火器一经开启使用，不能保存重复使用，须到专业消防器材经营部门重新灌气后才能保存使用。 ↗ 应加强巡视检查，检查压力是否符合要求、喷管有无破损、外观有无明显锈蚀等。 ↗ 灭火时对准火焰根部加压喷射，不可过高；距离火焰2~3米喷射；站在火焰的上风方向喷射。 ↗ 使用二氧化碳灭火器时，不能直接用手抓住喇叭筒外壁或金属连线管，防止手被冻伤。 ↗ 堆场、罐区、石油化工装置区、加油站、锅炉房、地下室等场所可每半月进行一次检查
推车式灭火器	两人操作口诀：一推，二展，三对，四拔，五开，六射	一推：把灭火器推到火场 二展：将喷管顺势展开，直到平直，不能弯曲或打圈 三对：一人手握喷枪，对准火焰根部，另一人扶着灭火器 四拔：拔开保险销 五开：提起手柄，打开阀门 六射：扣动喷枪开关，使灭火剂射向火源根部	↗ 将灭火器拉至距离着火物10米处，在室外使用时应位于上风方向。 ↗ 灭火完毕后，将手柄压下，关闭主体开关，最后将喷枪阀门关闭。 ↗ 灭火器放置在干燥通风处，不可潮湿或暴晒。 ↗ 检查铅封是否完好。 ↗ 对插销进行保养，防止长时间生锈。进行保养时，可添加润滑油或松锈剂。 ↗ 检查喷带与灭火器接口处是否牢固。 ↗ 灭火器广泛用于工厂、仓库、加油站、船舶、配电房、车库等场所

（三）火场安全疏散

如果初期火情扑灭情况有限，无法控制火情的蔓延和扩大，确认火灾已经发生，应立即组织人员参照疏散预案，迅速组织疏散。建筑物发生火灾后，应保证处于火灾危险区的人员全部撤离并抵达安全区域所需的时间为允许疏散时间。一般高层民用建筑的允许疏散时间为5~7分钟。

熟悉疏散路线

火场疏散引导时机判定

火灾状况	着火层		
	地上二层及以上	地上一层	地下层
火灾初起阶段	疏散着火层及相邻上下层人员	疏散着火层、二层及地下各层所有人员	疏散地上一层及地下各层所有人员
用灭火器不能扑灭或正在用室内消火栓扑救时	疏散着火层及以上楼层人员	疏散全体人员	
用室内消火栓不能扑灭	疏散着火层及其上、下各层所有人员		

注：火灾时不清楚能否灭火的情况即视为不能灭火。

当火灾发生时，企业应快速组织员工进行疏散逃生，挽救生命，减少伤亡。火场中正确的引导疏散程序：

（1）火灾疏散人员快速通报火情；

（2）按照企业应急预案，履行火灾疏散职责引导员工逃生；

（3）保障逃生照明；

（4）稳定现场人员情绪；

（5）引导员工有序逃生；

（6）在安全集中处清点人员数量和保护员工安全。

（四）常用火灾逃生器材

身处火灾现场时，一定要竭尽所能设法逃生。如果疏散通道被大火、浓烟封堵时，为了逃生，要借助各种逃生器材。常用逃生器材及其使用方法等如下所示。

1. 逃生绳

（1）将绳的一端结扣固定在牢固的物体上。

（2）将安全带置于腋下，并保持身体平衡。

（3）双腿弯曲，同时蹬踏墙面。

（4）紧握橡胶件的双手通过改变方向和握力控制下滑速度，切不可一滑到底。

（5）接近地面时，双腿微弯，脚尖着地，松开绳索并迅速撤离。

2. 逃生缓降器

（1）取出缓降器，把安全钩挂于预先安装好的固定架上。

（2）将绳索卷盘投向楼外地面以开放绳索。

（3）将安全带套于腋下，拉紧滑动扣至合适位置。

（4）从窗口或平台面向墙壁跳落。

（5）落地后，迅速松开滑动扣，脱下安全带，离开现场。

（6）特殊情况下，可背或抱一名儿童面向墙壁跳落。

（7）该器械可上下往复，连续交替使用。

（8）注意下降时只抓本人下降的绳索，勿抓另一根。

3. 逃生软梯

（1）一定要将软梯前端的安全钩挂在不能移动的物体上。

（2）然后将梯体向外抛出垂放，使之形成一条垂直的逃生通道。

（3）逃生时，抓紧梯身横杠，尽量使梯身垂直平稳，避免踏空。

4. 消防救生气垫

（1）起跳：双臂微张，减少手臂骨折概率。

（2）着陆：身体弯曲90度左右，身子与地面呈45度角，避免头和脚先落到气垫上。

（3）迅速撤离：跳到救生气垫后，顺着救生气垫滑到地面。

（4）注意事项：

1）跳的过程中不要闭眼睛，看准救生气垫上的红色中心点跳；

2）起跳时，先要往前跳，尽可能让身体水平往前移至少1米，以保证不会碰到建筑物；

3）在跳落过程中，身体要后仰，让双脚尽量伸直，双脚往上钩。同时，双臂要举高打开，不要合在一起；

4）让屁股和后背先着落，可以增大受力面积，减缓冲击力。如若脚或其他部位先接触气垫，则极易和头部发生磕碰，造成骨折或脑损伤；

5）跳之前要把眼镜、手机、硬币等身上携带的硬物全部拿掉；

6）往下跳时，等待前一个人跳完后再跳，避免两个人造成压伤。下跳间歇时间最短为3~5秒；

7）15~20米（6层楼以下）是气垫逃生的极限，6层以上跳下与跳楼无异。

5. 消防过滤式自救呼吸器

（1）当火灾发生时，立即取出呼吸器。

（2）沿着包装盒开启标志方向打开盒盖。

（3）撕开包装袋取出呼吸装置。

（4）然后沿着提带绳拔掉前后两个红色的密封塞。

（5）再将呼吸器套入头部，拉紧头带。

（6）迅速逃离火场。

三、火灾预防

规范生产操作，预防生产过程中的火灾。

1. 严格控制生产性火源

严格控制明火、摩擦热源撞击火花等生产性火源。

2. 分开存放生产物料

（1）根据物品性质，按规范要求设置相应防爆、泄压、防火等装置。

（2）做到专物专存。

（3）互相影响的物料须分开存放。

（4）注意储存物料间的间距。

（5）保管人员应具有消防意识和消防技能。

3. 做好易燃易爆车间的火灾防护

（1）严禁烟火，无关人员不得随便进入。

（2）车间内避免明火及焊割作业。

（3）在积存有可燃气体或蒸气的管沟内工作前，必须经处理和检验，确认无火灾危险方可按规定动火。

（4）车间内使用防爆型电气设备。

（5）车间内操作人员必须穿戴防静电服装鞋帽。

（6）车间内应加强通风。

（7）车间内应严格清洗或置换。

（8）车间内应严格控制投料。

（9）车间内应正确选择操作条件。

4. 机械操作，防范火花飞溅

（1）粉碎易燃物料的设备应安装磁铁分离器，以吸离混在物料中的铁物质。

（2）研磨、粉碎易起火、易分解、易爆炸的物质时，严防铁石等硬性杂质混入。

（3）禁止穿带钉子的鞋子进入易燃易爆场所。

（4）对使用过的油抹布等应集中放到有盖的金属筒内，每天进行处理。

（5）车间内不得存放汽油。

（6）对机床电气设备需经常检查，发现隐患应及时排除。

5. 做好电火花和静电防护

（1）爆炸危险场所电气设备应做好防爆措施。

（2）加强对电气线路中的各种保险装置的维护和检查。不要在宿舍、生产车间、厂房等场所乱接乱拉临时电线和私自使用电气设备，禁止超负荷用电。

（3）对设备、管道选择合适消除静电的材质。

（4）消除附加静电。

6. 警惕生产热能，减少热能聚集

（1）防范化学反应热。

（2）防范摩擦热。

（3）防止日光照射或聚集。

（4）严禁吸烟。

（5）企业的热处理工件应堆放在安全的地方，严禁堆放在有油渍的地面和木材、纸张等易燃物品附近。

7. 及时处理生产性粉尘，防范爆炸事故

（1）控制可燃粉尘在助燃物中的浓度。

（2）控制作业场所空气相对湿度。

（3）消除作业现场点火源。

8. 锅炉操作规范，严守防火防爆安全规程

（1）烧锅炉前，对锅炉的燃油、燃气、燃煤系统及各种安全附件进行检查。

（2）点火前必须进行锅炉内部检查，检查并调整锅炉水位。

（3）各项指标达标时方可点火。

（4）若炉内发出特殊声响，应立即检查，必要时停炉检查。

（5）运行中，汽包内应保持规定水位，压力不能超过锅炉操作压力。

（6）锅炉满水时应及时排水，停止供水，使水位恢复正常。

（7）停炉时，先停止供给燃料，停止鼓风；再停止引风、给水，降低压力，关闭给水阀；然后关闭蒸汽阀，打开疏水阀，关闭烟闸阀。停炉后，待水慢慢冷却至70摄氏度以下后，方可把炉水放出。

9. 严控动火许可，做好焊接和检修时的防火防爆

（1）牢记动火"六大禁令"。

（2）规范动火、用火程序。

（3）严格划定固定动火区和禁火区。

（4）小心抽堵盲板。

（5）化学反应器检修，预先做好中和和置换措施。

严控动火许可

10. 定期检查与加强教育

（1）建立消防安全责任制和岗位消防安全责任制。法人单位的法定代表人或者非法人单位的主要负责人是单位的消防安全责任人，对本单位的消防安全工作全面负责。单位应当落实逐级消防安全责任制和岗位消防安全责任制，明确各岗位消防安全职责，确定各级、各岗位的消防安全责任人。

（2）单位应当建立健全各项消防安全制度，包括消防安全教育、培训；防火巡查、检查；安全疏散设施管理；消防（控制室）值班；消防设施、器材维护管理；火灾隐患整改；用火、用电安全管理；易燃易爆危险物品和场所防火防爆等内容。

（3）火灾危险性较大的大中型企业、专用仓库应当依照国家有关规定建立专职消防队，并定期组织开展消防演练。

（4）至少每半年要组织员工进行一次逃生自救和扑救初期火灾的演练。

（5）定期对本单位的消防设施、灭火器材和消防安全标志进行维护保养，确保其完好有效。

（6）保证疏散通道、安全出口的畅通。不得占用疏散通道或者在疏散通道、安全出口上设置影响疏散的障碍物，不得在营业、生产、工作期间封闭安全出口，不得遮挡安全疏散指示标志。

电力作业中的有害气体中毒通常是指人员在密闭空间或电缆沟等可能存在有毒有害气体的场所工作时，出现头晕、头痛、乏力、胸闷、昏迷等症状，严重时甚至出现呼吸、心脏骤停。

电力作业中常见的有害气体包括六氟化硫、氯气、一氧化碳、二氧化碳、氨气等。当人体接触到有害气体，可能会出现中毒现象。为避免有害气体对生产工作和工作人员产生危害，必须做好一切防护工作。当出现有害气体中毒事件时，应当采取正确的急救措施进行施救。

第一节　六氟化硫中毒

🔆 **重点**　掌握六氟化硫中毒的急救措施和急救原则。

ⓘ **难点**　了解六氟化硫中毒的预防措施。

一、概述

六氟化硫（SF_6）气体是一种无色、无嗅、不燃的惰性气体，化学性质极为稳定。因其良好的绝缘性能和灭弧性能，六氟化硫被广泛应用于电器工业，如断路器、高压开关、高压变压器、气封闭组合电容器、高压传输线、互感器等。六氟化硫气体在电力行业以及高压开关、六氟化硫气体绝缘等方面几乎占领统治地位。

纯净的六氟化硫气体是无毒的，但在大电流开断时，由于强烈的电弧放电会产生一些含硫的低氟化物。这些物质反应能力较强，当有水和氧气时又会与电极材料、水分进一步反应，从而分解产生有毒或剧毒气体。

当六氟化硫发生泄漏时，经电弧激发，生成四氟化硫、十氟化二硫、六氟化二硫等，这些成分泄漏出来与水分反应生成氟化氢，对人体造成危害。

（1）吸入少量六氟化硫气体。会出现类似于感冒症状，如流泪、打喷嚏、流涕，鼻腔咽喉热辣感、咳嗽、头晕、恶心、胸闷等症状。

（2）吸入高浓度六氟化硫气体。会出现呼吸困难、喘息、皮肤黏膜变蓝、窒息等症状。

（3）若六氟化硫气体绝缘变电站的设备泄漏六氟化硫及其衍生气体后，极有可能沿排风通道或其他传播路径向户外扩散。若设备在运行过程突发事故，可造成大量六氟化硫气体泄漏，可能危及检修人员和周边居民身体健康，造成环境严重污染。

（4）压缩性的六氟化硫快速释放时能造成肢体冻伤。当压缩的六氟化硫快速释放，气体在突然扩散中温度迅速降低，六氟化硫气体温度可能降至零摄氏度，在向设备充气时，如未做好防护，工作人员可能被喷射出的低温气体冻伤。

二、六氟化硫中毒的应急处理与现场救护方法

1. 撤离人员

设法利用一切通风设施排除有害气体，立即将有关人员迅速撤离泄漏区，转移到上风口空气新鲜处，安静休息。

撤离人员

2. 防护排漏

（1）防护。

1）进入含六氟化硫气体的工作间前，至少通风15分钟，并用检测仪测量六氟化硫气体含量。

2）在高浓度、长时间接触时，必须佩戴过滤式防毒面罩（半面罩）或自给正压式呼吸器，穿好防护服装和手套。

3）作业时必须由两人以上进行，其中一人在室外监护。

（2）排漏。

1）开启通风系统，加速气体扩散。

2）如果室内或容器内的高压系统发生短路，要妥善处理漏气容器。

3）对现场六氟化硫气体含量及可能产生的有毒气体进行检测。

4）泄漏气需要导入苛性钠和消石灰的混合溶液中

佩戴过滤式防毒面罩

排漏

和处理。

5）把泄漏的气瓶放入通风橱内。爆裂喷射出来的固体粉末一般含有氟化铜、二氟二甲基硅、三氟化铝等毒物，须用吸尘器或毛刷清理干净。如毒物粉末不慎入眼或侵蚀皮肤，应马上用大量流动水冲洗眼睛和皮肤。

3．现场救护方法

救护人员应戴好防护工具，如呼吸器、化学防护眼镜、橡胶手套，才能执行施救任务。对已昏迷的中毒伤员应保持气道通畅，不断清除其口鼻腔内分泌物，解开领扣、松解裤带，有条件时给予其氧气吸入。当中毒伤员出现呼吸、心跳停止时，应立即进行心肺复苏，并联系医院抢救。护送中毒伤员要选取平卧位，使伤员头稍低，并偏向一侧，避免呕吐物误入气管。现场救护过程中应注意防止中毒、窒息和触电。

4．消防应急

应避免遇高热而导致的容器内压增大而开裂或爆炸。

（1）发生泄漏时，应快速切断气源，喷水冷却容器。

（2）发生火灾时，应用消防水泵和沙土灭火，尽可能将火场中的容器移至空旷处。

三、六氟化硫中毒的预防措施

（1）进入相对密闭空间工作时，应注意空气流通，戴好防护设备，做好个人防护，如佩戴过滤式防毒面罩或自给正压式呼吸器。

（2）保持良好的工作习惯，如工作完毕淋浴更衣、工作前后做好安全管理。

（3）进入含有高浓度的六氟化硫气体的工作间时，必须要双人及以上人员操作。

（4）配备气体泄漏应急处理装置，如气体警示器等，定期安排人员管理及风险排查。

（5）容器瓶应统一储存在阴凉、通风的仓库内，远离火种、热源等，并与易燃易爆物、氧化剂分开存放。仓库库温不宜超过30摄氏度，不得有水分或油污粘在阀门上。

（6）搬运六氟化硫气体时应轻装轻卸，防止钢瓶及附件破损。

（7）建立完善的责任制度，定期进行事故演练和人员再培训。

第二节　一氧化碳中毒

🔅 **重点**　掌握不同程度的一氧化碳中毒的现场急救方法。

ⓘ **难点**　了解易发生一氧化碳中毒的条件。

一、概述

一氧化碳气体是水煤气的主要成分，无色无味，在空气中含量达12%～75%时，遇热、明火易燃烧爆炸。一氧化碳中毒是吸入高浓度一氧化碳气体后引起的中枢神经系统损害为主的全身性疾病。

急性一氧化碳中毒的发病率和死亡率高。急性一氧化碳中毒有后迟发性脑损害，病情重，时间长，虽大部分伤员最终能治愈，但仍有少部分伤员无法恢复正常生活，给社会及家庭带来巨大负担。

电力行业，尤其燃煤电厂由于煤炭燃烧不完全、发动机废气、煤气管道泄漏或火灾爆炸等，都会产生大量一氧化碳。现场通风和排气不良会造成现场人员一氧化碳中毒。

二、一氧化碳中毒表现

通常所说的一氧化碳中毒，大多是指急性中毒。

一氧化碳中毒的表现症状

中毒程度	表现症状
轻微中毒	头痛、头晕、全身无力、呼吸困难，劳动时症状加重
轻度中毒	口唇呈樱桃红色，可伴有恶心呕吐、意识模糊、虚脱或昏迷等
中度中毒	深度昏迷，伴有高热、四肢肌张力增加，阵发性或强制性抽搐
重度中毒	脑水肿、肺水肿、心肌损害、心律失常和呼吸抑制，可造成死亡

三、一氧化碳中毒的现场急救

一氧化碳中毒后，伤员病情具有稳定性差、复杂多变的特点，现场救护人员应细心观察伤员的生命体征与变化，及时调整现场急救方法。

1. 自我防护

若煤气泄漏时间较长，井下管道空间小，应及时检测一氧化碳浓度。在非高原地区，一氧化碳浓度每立方米大于30毫克（15分钟短时接触浓度），现场救护人员应戴好个人防护装备才能进入事故现场。

2. 排除险情

（1）进入现场后，应迅速关闭煤气管道的阀门，开窗、开门通风。

（2）在现场严禁拨打电话、点火和开关电闸，避免造成爆炸。

3. 快速展开救护

（1）立即转移伤员至安全的通风处进行急救，并呼叫求助；如有需要请上报给上级领导。

（2）让伤员处于平卧位或侧卧位，松开其衣领和紧身衣物，保持其呼吸道通畅。随时观察伤员的生命体征。

（3）若伤员出现心脏骤停，应立即实施心肺复苏，注意做好个人防护措施，有条件时应给予通氧。

做好自我防护　　　　　　严禁拨打电话、　　　　　　展开救护
　　　　　　　　　　　点火和开关电闸

四、一氧化碳中毒的预防措施

（1）工作区域要有良好的通风设备，定期进行检测与维修。

（2）加强一氧化碳浓度的检测，并安装报警器。

（3）工作期间，注意个人防护；定期举行演练与急救技能再学习培训。

（4）完善安全生产责任制，预防中毒宣传等，让员工随时保持警惕，避免出现事故。

（5）一氧化碳浓度较高的锅炉、输送管道和阀门等应经常检修，防止漏气。

第三节　二氧化碳中毒

☼ 重点　掌握二氧化碳中毒现场的急救措施。

ⓘ 难点　了解慢性二氧化碳中毒的表现症状。

一、概述

二氧化碳在常温常压下，是一种无色无味的气体，密度比空气大。压力加大后，其水溶性增高，生成碳酸。

高压二氧化碳气体灭火系统广泛应用于电厂、电站等。国内曾发生多起因二氧化碳泄漏致防护区人员中毒事件，根据国家相关规范，高压二氧化碳气体灭火系统不适用于经常有人工作的防护区。

二氧化碳本身毒性低，但若在空气中大量存在，可使吸入气中氧含量明显降低，导致机体缺氧。而缺氧引发的最严重的恶果即是脑水肿，严重者会导致伤员死亡。正常情况下，空气中氧含量约为20.96%，若氧含量低于16%，即可造成呼吸困难；氧含量低于10%，则可引起昏迷，甚至死亡。

二、二氧化碳中毒表现

二氧化碳中毒的表现症状

中毒程度	表现症状
轻度中毒	头晕、头痛、肌肉无力、全身酸软等
中度中毒	头晕加重，鼻腔和咽喉部出现疼痛等不适，呼吸紧促，胸部有压迫感，进而出现剧烈头痛、耳鸣、肌肉无力、皮肤发红等表现症状
重度中毒	昏迷，胸闷憋气，呼吸困难，出现窒息表征（皮肤、口唇、指甲青紫），相继出现呼吸、心脏骤停，甚至死亡

三、二氧化碳中毒现场急救方法

二氧化碳在较高浓度下可于数秒钟内使人发生"电击样"死亡。这与急性反应性喉痉挛、反应性延髓中枢麻痹或呼吸中枢麻痹等有关，常来不及抢救。因此，一旦发现有人二氧化碳中毒昏倒，正确的施救特别重要。

（一）移离险境

现场应立即打开门窗进行通风。若不确定现场是否有其他有毒气体时，请佩戴防毒面具。应拨打120并上报上级领导。把伤员转移至通风处再进行抢救。

（二）切断泄漏源

尽可能切断泄漏源，泄漏场所应保持通风。漏出的气体可排入大气中。二氧化碳泄漏时，应根据气体的影响区域划定警戒区，无关人员可从侧风或上风向撤离至安全区。

（三）现场救护伤员

1. 伤员有意识

将中毒人员置于通风处，使其处于平卧位或侧卧位，保持其呼吸道通畅，随时观察其生命体征，等待专业急救人员到来。

2. 伤员已昏迷

注意检查中毒人员有无呕吐物，及时清除其口鼻呼吸道异物，保持呼吸道通畅，松开衣领及紧身衣物。使中毒人员处于侧卧位，密切观察其的生命体征，等待专业救护人员到来。

3. 伤员呼吸、心脏骤停

立即对伤员实施心肺复苏和AED除颤。

（四）护理要点

注意做好保暖措施，适当给予安慰，有条件可给予供氧。救治中要随时注意有无其他有毒气体存在。

四、二氧化碳中毒的预防措施

预防二氧化碳窒息的关键是：管理制度要严格，工作环境要通风。

（1）生产设备要定期保养和检修。

（2）严格执行安全操作规程。凡需进入阴井或下水道作业者，须佩戴供氧式防毒面具，系好安全带和救生带才能开始作业。下井作业前须采用排风扇进行井内送风，操作时也不能停止送风。

（3）确保工作环境安全通风。对长期不开放、密闭或半密闭的有限空间，应充分通风，安装报警器和测氧仪。当二氧化碳浓度达到0.5%时，排风扇启动；当浓度达到1%时，报警启动。同时定期检查，确保排风系统正常，可随时监测其浓度。

（4）定期开展专业现场急救和应急安全培训，每年进行考核，做到持证上岗。

第四节　氨气中毒

🎯 **重点**　掌握氨气中毒人员的现场急救方法。

ⓘ **难点**　了解氨气对人体的损害表现。

一、概述

电力生产企业经常使用液氨作为还原剂，用于脱除锅炉燃烧产物烟气中的氮氧化物，即NO_x，减少污染物排放，保护环境。

液氨，又称为无水氨，是一种无色液体，有强烈刺激性气味。液氨在工业上应用广泛，具有腐蚀性且容易挥发，所以其化学事故发生率很高。液氨一旦泄漏到空气即变成气态，也就是氨气，会通过人的呼吸、口腔、皮肤吸收，对人体造成一定危害。低浓度的液氨会刺激黏膜，造成黏膜发炎、坏损，高浓度的液氨甚至会造成人体组织坏死。

氨气中毒主要见于氨的生产制造、运输、贮存、使用中，如遇管道、阀门、贮罐等损坏或泄漏，经常会导致场所中工作人员中毒。

二、氨气中毒表现

氨气中毒程度及表现

中毒程度	表现症状
刺激反应	仅有一过性的眼部和上呼吸道刺激症状
轻度中毒	流泪、咽痛、声音嘶哑、咳嗽、咳痰等，并伴有轻度头痛、头晕，乏力等，眼结膜、鼻黏膜、咽部充血水肿，肺部有干性啰音
中度中毒	咽部烧灼痛、声音嘶哑、剧烈咳嗽、咳痰，有时伴带血丝痰；胸闷、呼吸困难，常伴有头痛、头晕、恶心呕吐、食欲不振及乏力等；眼结膜和咽部明显充血、水肿、喉头水肿，呼吸频速，轻度发绀；肺部有干、湿性啰音
重度中毒	频繁剧烈咳嗽，咳大量粉红色泡沫状痰，有时会从鼻孔中涌出；胸闷、呼吸困难等；喉头水肿、心悸、烦躁、恶心呕吐或谵妄、昏迷、休克。常伴有继发性感染，体温升高；眼睛接触到高浓度氨气可引起灼伤，严重者可发生角膜穿孔

三、氨气中毒的现场急救

（一）撤离险境

迅速撤离泄漏污染区人员至上风处，并立即在150米外设置隔离带，严格限制出入，切断电源。拨打120，寻求帮助，并上报给上级领导。

撤离险境

（二）排除险情

发生液氨严重泄漏时，运行值班人员应停运相关设备，切断液氨来源并使用消防水炮进行稀释。根据泄漏程度，设定隔离区域和疏散地点。隔离区域应设警戒线，并有专人警戒；疏散地点处于上风、侧风向，沿途设立哨位，并有专人引导或护送。

同时，及时应启动应急预案，组织专业人员处理。现场处理人员应佩戴自给正压式呼吸器，穿防毒服。不得少于2人，严禁单独行动。当泄漏有可能影响周边居民人身安全时，应立即报告当地政府。

（三）消防安全

进入现场前，救护人员须穿戴全身防火防毒服，喷水冷却容器，将容器从火场移至空旷处。灭火剂可选用雾状水、抗溶性泡沫、二氧化碳、砂土。

（四）清除污染

（1）伤员吸入液氨后，应迅速转移至空气新鲜处，保持呼吸通畅。对呼吸、心脏骤停者，在安全区域进行心肺复苏和实施AED除颤。

（2）皮肤接触液氨时，立即脱去污染的衣物，用医用硼酸或大量清水彻底冲洗，并迅速就医。

（3）眼睛接触液氨时，立即提起眼睑，用大量流动清水或生理盐水彻底冲洗至少15分钟，并迅速就医。

（五）送院治疗

注意观察伤员伤情变化，配合医务人员对其进行救治，并尽快送医院治疗。

第五节　液氨中毒

> 🚨 **重点**　掌握液氨中毒现场急救方法。
> ① **难点**　了解液氨中毒的表现。

一、概述

氨气很容易液化，在常压下冷却至零下33.5摄氏度或在常温下加压至700千帕至800千帕，气态氨就会液化成无色液体，同时放出大量的热。液氨是一种无色、有刺激性恶臭的液体，易溶于水、乙醇、乙醚，主要用作制冷剂及制取铵盐和氮肥，与空气混合能形成爆炸性混合物，遇明火、高热能引起燃烧爆炸，与氟、氯等接触会发生剧烈的化学反应。若遇高热，内压增大，容器有开裂和爆炸的危险。

液氨压力容器压力管道严重锈蚀、阀门焊接处存在埋藏缺陷、管道强度降低及破裂、管帽及封头脱落等是导致液氨泄漏并引发人员伤亡的主要原因。

在危化品行业中，液氨易气化扩散、易中毒伤亡、易燃烧爆炸、易污染环境、易发生次生事故等，一旦泄漏，造成的危害大，因此必须加强防范！

二、液氨中毒表现

液氨中毒程度及表现

中毒程度	表现症状
轻度中毒	流泪、咽痛、声音嘶哑、咳嗽、咳痰等；眼结膜、鼻黏膜、咽部充血、水肿；胸闷和胸骨后疼痛
重度中毒	轻度症状加剧，出现呼吸困难；喉头水肿、声门狭窄及呼吸道黏膜脱落，造成气管阻塞，引起窒息

三、液氨中毒的现场急救方法

（一）撤离上报

迅速撤离泄漏污染区人员；拨打120、119、110，寻求帮助，并上报给上级领导。报警时应说清事故发生的时间、详细地址、泄漏物质的载体、是否发生燃烧爆炸、有无人员伤亡等情况。

（二）个人防护

进入现场或警戒区内的人员须佩戴隔绝式呼吸器，穿着全封闭式消防防化服，防止氨气侵入人体；进入低温泄漏场所的人员要穿防寒服，要争取"快进快出"，减少滞留时间，防止发生冻伤。

（三）设立警戒

根据现场情况，确定警戒范围，设立警戒标志，布置警戒人员，严格控制人员、车辆出入，并在整个处置过程中，实施动态检测，根据检测情况，随时调整警戒范围。

（四）排除险情

（1）视情况切断警戒区内所有电源，熄灭明火，停止高热设备工作。

（2）关闭输送物料的管道阀门，切断事故源。

（3）以泄漏点为中心，在储罐或容器的四周设置水幕或喷雾水枪喷射雾状水进行稀释降毒，但不宜使用直流水。要防止泄漏物进入水体、下水道、地下室或密闭性空间。

（4）漏出的氨会形成蒸汽云，室内会扩散在建构筑物的上空，要组织一定数量的喷雾水枪向地面和空中喷雾，转移氨气的飘流方向和飘散高度，还可使用移动排烟机送风配合施救行动；室内还要加强自然通风和机械排风，驱散、稀释飘浮的气云。

（五）清除污染

对现场轻微中毒伤员应立即转移到空气新鲜处，对接触毒物的皮肤、面部可用水冲洗，同时，要注意观察参与处置氨泄漏人员的身体状况，并进行健康检查，症状严重者立即送医院诊治。

（六）洗消处理

对场地、器械和人员进行洗消。

（1）场地洗消：根据液氨的理化性质和受污染的具体情况，可采取不同的方法洗消，洗消方法一般包括化学洗消法、物理洗消法。如对污染空气可用水驱动排烟机吹散降毒，属于物理洗消方法。

（2）凡是进入染毒区内的车辆、器材都必须进行洗消。

（3）在危险区与安全区交界处设立洗消站，凡是进入危险区内的人员都要进行洗消。皮肤接触立即脱去被污染的衣着，用大量清水彻底冲洗；眼睛接触，立即提起眼睑，用大量流动清水或生理盐水彻底冲洗至少15分钟。

（七）送医治疗

注意观察伤员伤情变化，尽快送医院治疗。如伤员呼吸、心脏骤停，现场马上实施心肺复苏和AED除颤直到医务人员到达。

四、液氨中毒的预防措施

（1）设备的本质安全是确保安全生产的基础。

（2）从业人员的技术水平和责任心，是系统安全运行的保障。

（3）严格的管理制度和完善的操作规程，是系统顺利运行的前提。

（4）应急预案的修订和演练，是减少事故损失的有效途径。

吸气

排除险情

第六节　氯气中毒

🔔 **重点**　掌握氯气中毒的现场急救方法。

ⓘ **难点**　了解氯气的中毒表现。

一、概述

电厂往往通过向循环水中加氯以杀死水中的微生物，防止微生物在凝汽器内繁殖，形成粘垢后引起传热效率降低和腐蚀。

氯气在常温常压下为黄绿色、有强烈刺激性气味的剧毒气体，具有窒息性，密度比空气大，可溶于水和碱性溶液，易溶于二硫化碳和四氯化碳等有机溶剂，可液化为黄绿色的油状液体。氯气是一种强氧化剂。一般可燃物大都能在氯气中燃烧，一般易燃气体或蒸气也都能与氯气形成爆炸性混合物。

氯气有强烈腐蚀性，设备及容器极易被腐蚀而泄漏。高热条件下，与一氧化碳作用生成强毒性的光气。

氯气中毒

二、氯气中毒表现

氯气具有毒性，对眼睛黏膜和皮肤有高度刺激性。可通过呼吸道侵入人体并作用在黏膜上，对上呼吸道黏膜造成严重损害。经常接触氯气者有可能发生慢性氯气中毒，导致上呼吸道、眼结膜及皮肤的刺激症状以及慢性牙龈炎、慢性咽炎、慢性支气管炎、支气管哮喘、肺气肿等的发病率增高，对深部小气道也可有一定影响。

急性氯气中毒情况及表现

中毒情况	表现症状
轻微接触	刺激反应，一过性的眼及上呼吸道刺激症状。一般在24小时内消退
轻度中毒	咳嗽，咳少量痰，胸闷。经休息和治疗，症状可在1~2天内消失
中度中毒	眼及上呼吸道刺激症状加重；胸闷、呼吸困难、阵发性呛咳、咳痰，有时咳粉红色泡沫痰或痰中带血；伴有头痛、恶心乏力，胃肠道反应（食欲不振、腹痛、腹胀等），轻度紫绀。经休息和治疗，上述症状在2~10天逐渐减轻、消退
重度中毒	吸入高浓度氯气在数分钟至数小时后出现肺水肿，咳大量白色或粉红色泡沫痰，呼吸困难，胸部紧束感，明显发绀；喉头、支气管痉挛或水肿造成严重窒息；出现休克及中度、重度昏迷；反射性呼吸中枢抑制或心脏骤停所致猝死；严重并发症有气胸、纵隔气肿等

三、氯气中毒的现场急救

液氯泄漏具有发生突然、扩散快速、持续时间长和涉及面广的特点，所以液氯泄漏时要遵循快速应战、紧急疏散、处置泄漏和清理现场的顺序科学开展处置。

（1）切断毒源：使中毒患者迅速脱离染毒环境。

（2）迅速阻滞毒物的继续吸收。

（3）迅速有效消除威胁生命的毒效应。

（4）清除尚未吸收的毒物。

1）若是吸入性中毒，应立即撤离中毒现场，保持呼吸道通畅，呼吸新鲜空气。

2）若是接触中毒，应立即脱去污染衣服。

（5）现场急救应从上风、侧风方向进入急救区，现场救护人员都应根据毒性穿戴相应的防护器材，并严守防护纪律。

（6）中毒伤员转送。发现中毒伤员及时抢救，迅速而安全地使中毒伤员离开现场，分批后送到进行治疗的医疗机构，应尽可能减少医疗转送的过程。

（7）特别要关注氯气中毒伤员的心理危害和治疗。突发氯气中毒的强烈刺激使部分伤员精神难以适应，造成明显精神创伤。约有四分之三的人员可出现轻重不同的"恐怖综合征"，表现有失去常态、恐惧感、易轻信谣言等。因此，对此类中毒伤员除现场救护和早期治疗外，还需及时采取正确心理安抚和人文关怀。

四、氯气中毒的预防措施

（1）加强安全教育，健全操作规程，定期检查生产设备，防止跑、冒、滴、漏。

（2）保持管道负压。在检查管道是否泄漏时可用氨水涂于管道上，如冒白烟，则证明泄漏。

（3）安装报警仪，并且定期检查、维护。

（4）在检修、运输过程中及抢救时应注意安全，做好防护措施，佩戴防毒面具。

（5）含氯废气需经石灰净化处理再排放，在电厂中一般配备有碱化池，用于中和氯气。

（6）进入相应岗位必须做好就职前体检，员工需定期检查身体。

第八章
电力作业中的生物袭击

第一节　蛇咬伤

- 重点　掌握蛇咬伤的现场急救方法和注意事项。
- 难点　了解毒蛇的辨别及预防措施。

一、概述

蛇有可能出没在山区的变电站、站内设备、值班室、更衣室等。架空线路大多建在山内，电力员工在巡线时有一定概率遭遇毒蛇。

毒蛇是指能分泌特殊毒液的蛇类。毒蛇咬人或动物时，毒液从毒牙流出，使被咬的人或动物中毒。毒蛇咬伤是山林地区夏秋季常见病，发病急、病程短，如未能得到及时救治，可致休克、呼吸衰竭等严重并发症甚至死亡。我国毒蛇咬伤患者一年达10万人次，死亡率5%~10%，致残丧失劳动力占25%~30%，若为剧毒蛇咬伤，死亡率可达90%以上。

蛇咬伤

二、蛇咬中毒的特点及表现症状

蛇毒是一种含有多种酶类的毒性蛋白质、多肽类物质，由毒蛇的毒腺分泌产生，成分复杂，其毒性强弱随季节或蛇的种类不同而存在差异。一般情况下，蛇毒按性质不同可以分为神经毒素、血液毒素和混合毒素三类。

中毒特点及表现

蛇毒类型	代表毒蛇	中毒特点	表现症状
神经毒	银环蛇、金环蛇、海蛇	↗ 毒素吸收快，局部症状不明显，潜伏期长，易被忽视； ↗ 一旦出现全身中毒症状，则病情危重，死亡率高	↗ 伤口红肿、疼痛不明显、牙痕小，可无渗血，局部仅有麻痒感或麻木感； ↗ 伤后1~3小时，出现头晕、视物模糊、眼睑下垂、流涎、声音嘶哑、张口及吞咽困难、四肢无力等； ↗ 严重者四肢瘫痪、呼吸困难
血液毒	竹叶青、五步蛇	局部症状重，全身中毒症状明显，发病急	↗ 局部剧痛、皮肤瘀肿出血，并迅速向近心端蔓延； ↗ 全身症状有胸闷、心慌、烦躁不安、发热、皮肤瘀斑； ↗ 严重者出现黄疸、贫血、休克
混合毒型	眼镜王蛇、眼镜蛇、蝮蛇	发病急，出现明显的神经系统、血液和循环系统损害的症状	兼具神经毒型和血液毒型的表现

三、蛇咬伤现场急救方法

在进行变电检修、输电线路安装等野外工作时，如被蛇咬伤，不要惊慌失措、跑动，以免毒素扩散和吸收，而应马上自救或互救。正确的现场急救方法，能有效减少伤员入院急救时长，促进伤员痊愈，缩短住院时间。

第一步：判断是否为毒蛇咬伤

由于被毒蛇咬伤造成的伤害比较严重，所以在现场无论能否判断蛇是否含毒素，应尽快用防止毒液扩散的方法做出紧急处理。

第二步：处理伤口

（1）减少伤肢活动，避免受伤肢体活动，才能够减缓血液和淋巴的流动，延缓毒素在体内的扩散速度。

（2）用流动水冲洗伤口。

（3）咬伤部位常会快速肿胀，应快速取下该部位附近的戒指、手镯或解开紧身衣物等。

（4）使用弹性绷带加压，宽绷带缠绕，由远端到近端，大范围缠绕，松紧程度如同包扎扭伤的踝关节，夹板固定制动，直到取得专业治疗才解开。

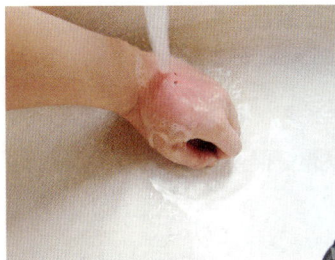

冲洗伤口　　　　　　　　弹性绷带绑扎　　　　　　　绑扎后固定

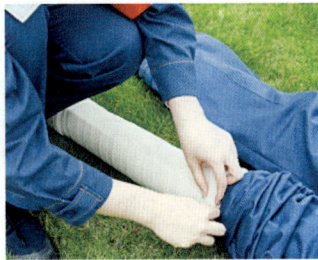

第三步：迅速送医

　　一旦被蛇咬伤，应马上拨打120求救，伤口得到初步处理后，应尽快送医院治疗。尽可能记录蛇的形状、颜色或拍照，提示毒蛇种类有利于医院后续选择和使用抗蛇毒血清。

　　注射抗蛇毒血清，能减少蛇毒在体内的吸收与留存时间，是公认的首选有效药物。

第四步：做到"八不"

　　一不：不要乱动。蛇毒在体内的扩散，是通过血液循环进行的，而血液循环的速度与肢体的运动密切相关。如果剧烈运动，会促进毒素在体内的扩散。

　　二不：不要用嘴巴吸出毒液。因口腔黏膜的通透性高，蛇毒可通过口腔黏膜直接进入救护人员的血液循环中，让救护人员中毒。

　　三不：不要乱用止血带。因止血带容易绑扎过紧，长时间绑扎，容易导致供血中断，肢体因缺血坏死。

　　四不：不要挤压伤口。如伤口小，难以将毒液挤出，如挤压排毒不当，反而加剧毒液扩散。

　　五不：不要刀划开伤口放血。此方法不但排毒效果差，还可能增加创面面积，导致后期伤口愈合困难。

　　六不：不要火烧伤口。火烧引起的剧痛会刺激加速血液循环，还会造成伤口不愈合，甚至坏死。

　　七不：不用来路不明的草药敷盖伤口。在临床实践中曾多次出现因使用不明草药敷盖伤口导致二次感染。

　　八不：不喝酒壮胆。喝酒不能壮胆，反而加速血液循环，加速毒素扩散。

四、蛇咬伤的预防

　　大部分蛇只有在受到威胁或惊吓时才会咬伤人，提前做好防护，就能减少蛇咬伤的风险。

（1）穿衣戴帽。戴安全帽、穿防护服和安全鞋，减少皮肤暴露。

（2）打草惊蛇。进入草丛或树林里，先用长棍或木条拨弄一下，再小心前进；晚间应使用照明工具驱赶蛇类。

（3）野外休息时，将附近的长草、泥洞、石穴清除，以防蛇类躲藏。

（4）不要逗蛇或捡拾蛇的尸体玩弄。

（5）可适当配备解蛇毒药物。

（6）了解当地获取抗蛇毒血清的医疗机构。

第二节　蜂蜇伤

☯ **重点**　掌握蜂蜇伤后的现场急救方法。

ⓘ **难点**　了解蜂的生活习性及蜇伤后的表现。

相关操作扫码观看

一、概述

蜂蜇伤是指蜂类昆虫的尾部毒刺蜇入皮肤后，释放出毒汁而引起局部皮肤或全身反应。电力检修等外出作业的人员在工作的过程中或多或少都会碰到马蜂、蜜蜂等，此时懂得如何避免蜂蜇伤及减轻蜇伤后带来的危害非常重要。

二、蜂蜇伤的表现

轻者仅局部出现红肿、疼痛、也可有水泡、瘀斑等；严重者可出现全身症状甚至引起溶血或出血。蜂毒过敏者还可发生过敏性休克危及生命。

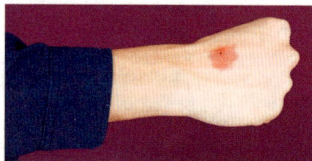

蜂蜇伤

常见蜂种的习性和蜇伤后的表现

蜂种	习性	表现症状
蜜蜂	比较温驯，不轻易伤人；只有在食物缺乏、蜂王死亡或被激怒、惊吓时，才会倾巢而出	伤口疼痛，红肿，留有毒刺

续表

蜂种	习性	表现症状
马蜂（胡蜂）	不会无故蜇人，在被惹怒时，攻击性极强并喜攻击人头部。刺人后毒刺不掉，也不死，对人穷追不舍。马蜂毒性巨大，有神经毒和血液性毒	伤口剧痛，可引起发烧、头痛等。严重时会发生休克症状
野外黄蜂	喜欢在人少的地方筑巢，是一种为了保护蜂巢而具有强烈攻击性的蜂种	毒液使得伤口剧痛，严重时会危及生命

三、蜂蜇伤的现场急救方法

（一）遭遇蜂群袭击时

（1）不能乱跑，而应立即快速抱头蹲下保护自己。

（2）用背包、衣服或者手臂将身体裸露部分遮挡住，头颈和面部是重点保护部位。

遮挡头颈面部

（二）蜂蜇伤伤口的处理

（1）检查有无毒刺折断在皮内，如有立即用镊子或硬而钝的物体（如银行卡）刮出螯刺和毒囊。

（2）用流水和肥皂清洗蜇伤部位。

（3）用毛巾裹住一袋冰水，将其置于伤口部位不超过20分钟。

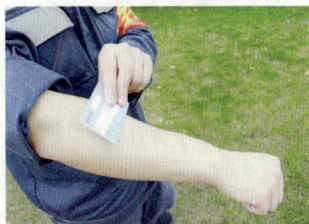
用硬钝物刮出螯刺

（4）观察伤员至少30分钟，确定是否出现严重过敏反应的征象，如有需要尽快送医院处理。

（5）被蜇伤会出现严重过敏反应的人通常应随身携带一支肾上腺素笔，被蜇后及时使用。肾上腺素笔使用方法：

1）取出肾上腺素笔，阅读说明，知悉注射时间；

2）一手握笔，取下安全盖；

3）用力将笔的注射端压向伤员髋关节与膝关节之间的大腿外侧；

肾上腺素笔使用1

4）按下注射笔，保持说明书注射时间，一般为10秒或3秒；

5）注射完毕拔出注射笔，按摩注射部位10秒；

6）记录注射时间。

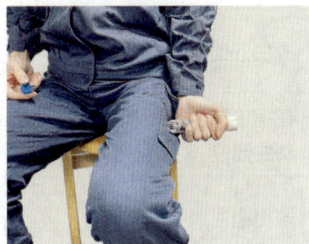
肾上腺素笔使用2

四、蜂蜇伤的预防措施

（1）在户外工作时，尽量穿长裤长袖衣服，不要穿深色衣物，不要吃有刺激性气味的食物。

（2）见到蜂及蜂巢，尽量避开，不要捅蜂巢。

（3）不要徒手拍蜂。

第三节　蜱虫叮咬

☼ **重点**　掌握蜱虫咬伤后的现场急救方法。

ⓘ **难点**　了解蜱虫的生活习性。

一、概述

蜱也叫壁虱，俗称狗鳖、牛虱等，一般蛰伏在浅山丘陵的草丛、植物上，或寄宿于牲畜等动物皮毛间，会将身体附着在人体裸露的部位。蜱虫不吸血时，小的只有干瘪绿豆般大小，也有极细如米粒的；吸饱血液后，蜱虫有饱满的黄豆大小，大的可达指甲盖大。大部分蜱虫无害，但是有些携带严重传染病，人对此传染病普遍易感，与危重患者有密切接触、直接接触病人血液等体液的医务人员或其陪护者，如不注意防护，也可能感染。蜱虫停留在人体表面时间越长，染病概率越大。

电力从业人员在野外检修、巡山时经常被蜱虫叮咬。蜱虫用口器刺入皮肤，吸取血液，并且往往在宿主皮肤上停留很长时间，其口器刺入固定于宿主皮肤内，甚至整个虫体进入皮肤内。蜱虫口器刺入皮肤后可引起局部皮肤损害，表现为水肿性丘疹或硬性小结节，严重者可以为大片红肿或瘀斑。更甚者可能会被蜱神经毒致使呼吸中枢麻痹，造成严重后果。

蜱虫生活习性

成虫分类	硬蜱：成虫在躯体背面有壳质化较强的盾板； 软蜱：成虫在躯体背面无壳质化较强盾板
在宿主的寄生部位	一般在皮肤较薄，较少被搔到的部位；如人的颈部、耳后、腋窝、大腿内侧、阴部和腹股沟等处
寻觅宿主的方式	蜱的嗅觉敏锐，对动物的汗臭和二氧化碳很敏感，当与宿主相距15米时，即可感知，一旦接触宿主即攀登而上；如栖息在森林地带的全沟硬蜱，成虫寻觅宿主时，多聚集在小路两旁的草尖及灌木枝叶的顶端等候，当宿主经过并与之接触时即爬附宿主

二、蜱虫叮咬的现场急救方法

蜱虫叮咬的现场急救方法关键是将其从人身上清除。

（1）用镊子夹住蜱虫的嘴或头，操作时尽可能贴近皮肤。

（2）尽量避免挤捏蜱虫，因为挤压会把传染病注入皮肤。

（3）应直接向上提起蜱虫，如果提起蜱虫使得皮肤

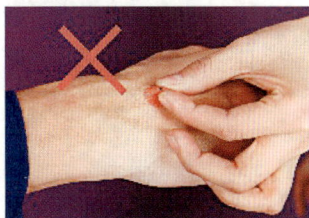

不可直接抓捏蜱虫

膨起产生一定的张力并维持几秒钟，蜱虫就会松开皮肤。取出过程不要旋转。清除蜱虫要注意做到"四不"。

一是不硬拔。硬拔可能会将蜱虫口器留在体内，口器属于异物，含有大量的细菌病毒等致病微生物，极容易造成感染。

二是不用火烫。用火直接烫蜱虫背部，不能将蜱虫去除。

三是不用酒精或各种油类闷死蜱虫。对闷死蜱虫的时长是未知的。但时间越久，感染风险越大，应尽早去医院取出。

四是不要碰触蜱虫肚子，避免其唾液和胃内物进入皮肤，导致严重感染。

（4）用流水和肥皂清洗咬伤部位，同时用酒精或其他消毒液彻底消毒。

（5）如果所在地区有蜱传染病，或咬伤部位出红肿、疼痛和皮疹、发热，应迅速送医院治疗。

三、蜱虫咬伤预防

（1）加强个人防护，进入林区或野外工作，要穿长袖衣衫，扎紧腰带、袖口、裤腿，颈部系上毛巾，皮肤表面涂擦药膏可预防蜱虫叮咬，避免长时间在林地、草丛坐卧。外出归来时洗澡更衣，以免将蜱虫带回家。

（2）消灭家畜体表和畜舍中的蜱虫，可喷洒杀虫剂。

（3）住房要通风干燥，填抹墙缝，堵封洞穴，畜棚禽舍要打扫干净或用药物喷洒，以消灭蜱虫的滋生场所。

（4）有明确蜱虫叮咬史者，应注意监测体温变化，及时至相关感染科就医。

第四节 海洋生物咬伤与蜇伤

🎯 **重点** 掌握水母蜇伤的现场急救方法。
ⓘ **难点** 了解水母蜇伤咬伤的表现和预防。

一、概述

在自然界中，每种生物都具有自我保护的生存本能，当它们有意或无意地被侵扰时，通常会刺激到自我护卫本能，即生物的反击。

近几年在海中遭遇海洋生物伤害的案例增多，尤其水母蜇伤的案例更是屡见不鲜，威胁到海上作业人员的安全。

受人为污染、气候变化等因素影响，世界各地海域频现大规模水母暴发现象。水母是对人类伤害最大的海洋动物之一，水母蜇伤是最常见的海洋生物伤。有毒水母蜇伤能引起局部或全身中毒症状，严重者导致死亡，因此，危及生命的水母蜇伤问题越来越得到重视。

二、水母蜇伤的表现

（1）起初（轻度）。伤口出现瘙痒反应，看上去与烧伤相似。

（2）发展期。伤口逐渐麻木，出现脓疱或疹子。

（3）全身反应。严重者会导致肌肉疼痛、呕吐、发汗、焦虑、血压升高、胸腹疼痛、呼吸困难、心脏骤停。

三、水母蜇伤的现场急救方法

被水母蜇伤后，在赶往医院进行救治之前，现场的处理非常重要，如果处理得当，可以在一定程度上减轻疼痛，阻止伤情恶化。反之，则会加重症状，甚至加速毒素的侵入。

（1）做好防护。救护人员必须佩戴适当的防护用具。

（2）清除触须和刺丝囊。任何黏着的触须都可以用手指捡除或用扁平物（如银行卡）刮除；用海水冲洗除去能看到的刺丝囊。

（3）抑制刺丝囊。可以外用海水、小苏打膏剂、醋或热水浸泡抑制刺丝囊。根据地理区域和水母种类选择抑制刺丝囊的物品：①对于大多数水母可用海水清洗；②对于刺水母和紫水母，可以涂抹发酵粉糊；③对于箱型水母，用醋浇洗30秒；④明确认出是僧帽水母或蓝瓶僧帽水母，不要使用醋，因为醋会造成更多毒液螫入。

（4）减轻疼痛。采取清除和（或）抑制刺丝囊措施后，可以采用热水浸泡持续到疼痛消退或至少浸泡20~30分钟。

小苏打溶液

抑制刺丝囊

（5）迅速送医。对于有致命水母的地区，伤员应迅速送医，送医过程中严密监测气道、呼吸和循环情况。

（6）急救时遵循"四不"原则。

一是不使用压力绷带治疗水母螫伤。

二是不能让伤员揉搓被螫部位。

三是不应外用硫酸铝、嫩肉剂或水缓解疼痛。

四是不应用淡水清除触须和清洗伤口。

四、预防水母螫伤的方法

（1）海上作业者要带防护工具，不要直接接触水母。

（2）水母在下雨时会自动向海边靠近，因此应避免雨后去海里游泳。

（3）遇到水母时，不能用手直接抓或捞取。即使已经死亡的水母，只要其刺丝囊处于湿润状态，也存在刺人的情况，漂上海滩的水母碎片也不能用手触摸、随便拾取。

（4）禁止在浴场外游泳、玩水，夜间更不宜进入。

第九章
电力生产中的自然灾害

第一节　台风

> 🔆 **重点**　掌握台风预警分级与防御方法。
> ① **难点**　了解台风造成的危害。

一、概述

台风是一种破坏力很强的突发性的灾害天气，常伴有强风、暴雨或风暴潮，给台风经过的区域造成严重灾害。

强风：当风力达12级时，垂直于方向平面上每平方米风压可达230千克。

暴雨：一次台风登陆，降雨中心一天之中可降100~300毫米的大暴雨，甚至达500~800毫米。

风暴潮：台风引起的风暴潮可能引起潮水猛涨，海堤溃决。强台风的风暴潮能使沿海水位上升5~6米。

台风灾害类型及表现

灾害类型	灾害表现
原生灾害	↗ 房屋、建筑、广告牌、电线杆被刮倒；汽车、行人、牲畜被卷走；人员被砸伤、压伤、失踪和死亡。 ↗ 伴随而来的暴雨可使河水或海水暴涨、洪水四溢、潮汐猛涨，对人民群众的生产和生活造成极大的威胁
次生灾害	↗ 狂风掀倒电线电缆，造成停电、停水、通信中断； ↗ 恶劣天气造成交通中断、运输受阻； ↗ 海水倒灌，粮田被毁； ↗ 雨水导致泥沙淤积，甚至引发泥石流等

对于靠近海边的电力企业，台风袭击将有可能对其建筑物造成一定的影响。

二、台风预警信号

台风预警信号分四级，分别以蓝色、黄色、橙色、红色表示。

预警信号分级	含义	防御方法
台风 蓝 TYPHOON	24小时内可能受热带低压影响,平均风力可达6级以上，或阵风7级以上；或者已经受热带低压影响，平均风力为6~7级，或阵风7~8级并可能持续	↗ 做好防风准备； ↗ 注意有关媒体报道的热带低压最新消息和有关防风通知； ↗ 把门窗、围板、棚架、临时搭建物等易被风吹动的搭建物固紧，妥善安置易受热带低压影响的室外物品
台风 黄 TYPHOON	4小时内可能受热带风暴影响,平均风力可达8级以上，或阵风9级以上；或者已经受热带风暴影响，平均风力为8~9级，或阵风9~10级并可能持续	↗ 政府及相关部门按照职责做好防台风应急准备工作； ↗ 停止室内外大型集会和高空等户外危险作业； ↗ 相关水域水上作业和过往船舶采取积极的应对措施，加固港口设施，防止船舶走锚、搁浅和碰撞； ↗ 加固或者拆除易被风吹动的搭建物,人员切勿随意外出，确保老人小孩留在家中最安全的地方，危房人员及时转移
台风 橙 TYPHOON	12小时内可能受强热带风暴影响,平均风力可达10级以上，或阵风11级以上；或者已经受强热带风暴影响，平均风力为10~11级，或阵风11~12级并可能持续	↗ 政府及相关部门按照职责做好防台风抢险应急工作； ↗ 停止室内外大型集会、停课、停业（除特殊行业外）； ↗ 相关应急处置部门和抢险单位加强值班，密切监视灾情，落实应对措施； ↗ 相关水域水上作业和过往船舶应当回港避风，加固港口设施，防止船舶走锚、搁浅和碰撞； ↗ 加固或者拆除易被风吹动的搭建物，人员应当尽可能待在防风安全的地方，当台风中心经过时风力会减小或者静止一段时间，切记强风将会突然吹袭，应当继续留在安全处避风，危房人员及时转移； ↗ 相关地区应当注意防范强降水可能引发的山洪、地质灾害

续表

预警信号分级	含义	防御方法
	6小时内可能或者已经受台风影响，平均风力可达12级以上，或者已达12级以上并可能持续	↗ 政府及相关部门按照职责做好防台风应急和抢险工作； ↗ 停止集会、停课、停业（除特殊行业外）； ↗ 回港避风的船舶要视情况采取积极措施，妥善安排人员留守或者转移到安全地带； ↗ 加固或者拆除易被风吹动的搭建物，人员应当待在防风安全的地方，当台风中心经过时风力会减小或者静止一段时间，切记强风将会突然吹袭，应当继续留在安全处避风，危房人员及时转移； ↗ 相关地区应当注意防范强降水可能引发的山洪、地质灾害

三、台风后的应急措施

台风过后，应继续加强安全防范和卫生防疫。

（1）不要马上返回。确认危险区已安全，或官方宣布安全后返回。

（2）返回后注意进行各项检查。如检查煤气、电路和门窗是否安全。

（3）加强卫生防疫。台风过后容易发生以下三种疾病：接触性传播疾病、肠道传染病和病媒有害生物。

1）接触性传播疾病。狂风暴雨之后，路上积水较深，双脚在污浊的雨水中行走，受到各种微生物的侵袭。增加接触传播类疾病的发生，常见疾病有浸渍性皮炎、手足口、红眼病、流感等。

2）肠道传染病。暴雨容易导致饮用水源受地表各种垃圾污物的污染，容易发生饮用水污染；污水使蔬菜、水果等食物受浸泡污染，容易发生肠道感染性传染病。

3）病媒有害生物。洪涝后积水增多导致蚊子、苍蝇大量孳生，同时工作场所、或者居民区、或者临时安置点可能成了老鼠的逃生地，增加了由蚊蝇鼠等病媒传播的传染病的发生。

四、杜绝台风后易发疾病的方法

1. 勤洗手，讲卫生

（1）尽量不要接触受污染的水体。即使接触后尽快用清洁水清洗。

（2）避免共用洗脸水或毛巾等物品，防止红眼病暴发。

（3）勤洗手，饭前便后、触碰不洁净的物品后要洗手。

（4）讲究卫生习惯，不用手、尤其是脏手揉眼睛等。

（5）保持皮肤清洁干燥，随身用毛巾等擦汗，预防皮肤擦烂。

（5）避免接触可疑患者。

2. 管住嘴，防"病从口入"

（1）不吃生食，不喝生水，剩饭菜要彻底加热后食用。

（2）不用脏水漱口或洗瓜果蔬菜；碗筷应煮沸或消毒碗柜消毒，严格消毒刀、砧板、抹布。

（3）不吃腐烂变质食物，熟食品要有防蝇设备。

（4）不吃被洪水浸泡过的食物，不吃淹死、病死的禽畜。

（5）接触大便或呕吐物后，应立即洗净手；及时安全处理病人的排泄物。

（6）不要随地大小便、随地丢垃圾。

（7）灾民出现腹泻症状时应及时就诊、自觉隔离。

3. 防鼠防蚊，环境干净很关键

（1）防止食物被老鼠吃或被老鼠的排泄物污染。

（2）不在不干净的水中游泳、洗衣服，在水中行走时尽量穿长筒胶鞋等。

（3）利用蚊帐、防蚊纱窗、驱避剂等方法防蚊。

（4）打扫环境卫生，清除杂草和积水，减少房屋周围的蚊虫。

（5）在做好个人防护基础上掩埋动物尸体。

第二节　海啸

🏠 **重点**　掌握海啸逃生避险方法。

ⓘ **难点**　了解海啸的形成原因与危害。

一、概述

海啸是一种具有强大破坏力的海水剧烈运动。地底地震、火山爆发或海底板块塌陷和滑坡等会导致海底变形，致附近水体产生巨大波动、激起巨浪，形成海啸。导致海啸的最主要原因是海底地震。

海啸在外海时，因为水深，波浪起伏较小，一般不被人注意。当它到达岸边浅水区时，巨大的能量使波浪骤然增高，形成十多米甚至更高的水墙，排山倒海般冲向陆地。其力量之大，能彻底摧毁岸边建筑，所到之处满目疮痍、一片狼藉，对人类的生产生活构成重大威胁。

海啸先兆

先兆	表现
地震	地震是最明显的前兆，地面突然强烈震动，浅海区船只剧烈上下颠簸
海水异常	暴退或暴涨，冒出大量的白色水泡；浅海区海面变白，矗起一道道长长的、高大的明亮水墙，排山倒海般向前推动；水面及浅滩有大批鱼虾、贝壳，尤其是深海动物的残体；海上传来巨响
预警系统发出警告	所在地的海啸预警系统会通过媒体发出海啸警告

二、海啸逃生避险方法

当获知海啸预警或发现海啸先兆，应及时逃生避险。

1. 撤离人员

（1）快速远离海边、江河的入海口或海岸线。不去任何靠近海滩的地方或进入任何近海的建筑里。

（2）最快速度撤离至岸边、地势较高处或内陆。

2. 随波逐流

（1）若未及时逃离，尽量抓住较大的漂浮物，如床、柜子、树木等。

（2）不挣扎、不游泳，随波逐流，尽可能向人多的地方靠拢，并设法发出求救信号。

3. 船停外海

（1）避免返回港湾或停靠码头。

（2）在海啸到来前把船只开到开阔海面或人员迅速撤离到停泊在海港的船只上。

（4）等待警报解除。一般海啸会持续撞击海岸达数小时，危险不会很快过去。除非政府发出解除危险的信息。

（5）禁止在海边欣赏海啸。

（6）逃生避险时，勿贪恋财产和其他物品，切忌因收拾行李而延误逃生时间。

三、海啸预防措施

（1）政府建立海啸预警机制，提高预警信号的及时性和准确性。

（2）在海啸来临前，政府会发布预警信号，注意接收信息，抓紧时间做好防御海啸的工作。

（3）海啸易发区的生产作业人员要在海啸警报期内，每人备足72小时用的药物、饮用水、食品和其他必需品。

（4）提前了解海啸发生时的逃生路线。

第三节　地震

☆ **重点**　掌握地震现场急救原则与方法。
ⓘ **难点**　熟悉各种场所的逃生避险方法。

一、概述

地震在自然灾害中属于受灾面积广、破坏性强、死伤人数多的地质灾害，往往在瞬间给人类和社会造成巨大损失。我国位于环太平洋地震带和欧亚地震带之间，受太平洋板块、印度洋板块和菲律宾板块的挤压作用，地震活动频度高、强度大、震源浅、分布广，是地震灾害严重的国家之一。

地震灾害性质及表现

灾害性质	灾害表现
直接灾害	建筑物倒塌、地裂缝、地基沉陷、喷水冒砂、山崩、滑坡、泥石流、海啸等，是造成震后人员伤亡、生命线工程毁坏、社会经济受损最直接、最重要的原因
次生灾害	火灾、水灾、有毒有害气体（液体）或放射性物质泄漏、瘟疫等，因地震灾害打破自然界原有的平衡状态和社会正常秩序从而导致的灾害

地震导致大量人员的伤亡，因此在灾难现场必须尽早实施抢救，恰当处理，减少地

震对生命健康的危害及后遗症的发生。

地震伤亡主要原因

建筑物倒塌。伤员被倒塌的建筑构件压、砸、掩埋，伤情严重者往往来不及抢救即早期死亡。

地震伤亡次要原因

次生伤害，导致的伤害，如煤气泄漏、触电、淹溺、火灾、海啸等。

地震伤亡继发伤害

伤员出现挤压综合征、伤口感染而致的破伤风或气性坏疽及各种原发疾病发作引起的死亡

地震伤亡心理疾病

面对突如其来的灾难，目睹死亡和毁灭，会给人造成焦虑、紧张、恐惧等急性心理创伤。

二、地震现场急救原则与方法

地震灾区的医疗救护工作非常艰巨，需要交通运输、通信联络、水电供应、工程技术等多方面的密切配合、协同作战，实施立体救援、大救援，才能提高抢救效率，完成救灾任务。

（一）现场急救原则

（1）快速救人，先近后远。时间就是生命，随着时间的延长，抢救成功率迅速下降。应遵循"先近后远"的原则，如果舍近求远，会错过救人良机。

（2）先救容易救的人。这样可以尽快扩大救援队伍，加快救援速度。

（3）先挖后救，挖救结合。在基本查明人员被埋情况后，应立即组织骨干力量，建立抢救小组，就近分片展开救援。一般群众以挖为主，医护人员以救为主。抢挖、急救、运送进行合理分工，可提高抢救效率。

（4）先救命，后治伤。优先抢救生命垂危的伤员。

（5）检伤分类。对需要进行医疗救护的伤员，必须检伤分类，分清轻重缓急，对危

及生命的重伤员先行抢救。

（6）根据伤情采取不同的救护方法。脊柱骨折在地震中十分常见，救护过程中要特别注意避免造成脊髓损伤。

（7）心理援助。救护中应体现人文关怀，积极开展心理援助工作。

（二）现场急救方法

1. 震后自救

（1）要树立生存信念，相信有人来救自己，千方百计保护自己。

（2）判断所处位置，改善周围环境，扩大生存空间，寻找和开辟脱险通道。

（3）保证呼吸通畅，闻到异味或尘土较多时，用湿衣服捂住口鼻。

（4）不要大喊大叫，尽量保存体力，听到动静时，用砖头、铁器等物敲击铁管和墙壁或吹响口哨，发出求救信息。

（5）尽量寻找和节约食物、饮用水，设法延长生命，等待救援。

（6）如有外伤出血，用衣服进行包扎，如有骨折，就地取材进行固定。

震后自救

2. 震后互救

（1）对埋在瓦砾中的幸存者，要先建立通风孔道，以防其窒息。

（2）挖出后应立即清除其口鼻异物；蒙上幸存者双眼，避免强光的刺激。

（3）在救出幸存者时，应保持其脊柱呈中立位，以免伤及脊髓。

震后互救（非脊柱骨折）

（4）救出幸存者后，立即判断其意识、呼吸、循环体征。

（5）"先重伤，后轻伤"。按伤情给予不同救治。

（6）要避免幸存者情绪过于激动，给予必要的心理援助。

（7）原有心脏病、高血压的幸存者，病情可加重、复发或导致猝死，要特别关注。

3. 危重伤员的应急救护

（1）呼吸心跳停止的伤员，应在现场立即实施心肺复苏。

救助危重伤员

（2）昏迷的伤员要平卧，将其头偏向一侧，及时清理口腔的分泌物，防止呼吸道堵塞。

（3）对于颈、胸、腰部疼痛的伤员，要先固定，使用脊柱板或木板搬运；移动伤员时，确保其身体轴线位，以免造成脊髓损伤。

（4）休克伤员应取平卧位或头低脚高位。伴有颅脑、胸腹外伤者，要迅速转至医疗单位。

（5）对严重的开放性伤口，要除去泥土污物，用无菌敷料或其他干净物覆盖包扎。

（6）正确处理挤压综合征的伤员。

三、各种场所的避震方法

（一）逃生避震方法

破坏性地震发生时，从有震感到发生房屋坍塌只有十几秒的时间，地震时就近躲避、震后迅速撤离到安全地方是避震较好的方法。

1. 在公共场所的避震方法

（1）听从现场工作人员的指挥，有序地就近蹲伏在坚固的物体旁边；或按秩序撤离到安全地带。

（2）不要慌乱，不要拥向出口。

（3）要避开人流，避免被挤到墙壁附近或棚栏处。

就近蹲伏在坚固的物体旁

2. 室内避震的避震方法

（1）地震时抓紧时间紧急避险。

（2）就近选择合适避震空间。

（3）选择室内结实能掩护身体的物体旁边或下面或开间小有支撑的地方，如墙角、坚固家居旁避险。

在室内结实掩体下避险

（4）身体蹲下或坐下，蜷曲身体，抓牢桌腿等牢固物，用背包等软物保护头颈部、闭上眼睛用湿毛巾掩住口鼻。

3. 在户外避震的避震方法

（1）就地选择开阔地避险。

（2）蹲下或趴下，不要乱跑，不要随便返回室内。

（3）避开人多、高大建筑物、过街桥、立交桥、高烟囱、水塔及其他危险物。

4. 在河边、江边或海边的避震方法

（1）尽快远离海岸线，向高处转移。

（2）不要在水坝、堤坝上停留，以防垮坝或发生洪水。

（3）离开桥面或桥下，以防桥梁坍塌时受伤。

5. 在行驶的电车、汽车内的避震方法

（1）抓牢扶手，以免摔倒或碰伤。

（2）降低重心，躲在车座附近。

（3）震后再下车。

6. 在普通车间的避震方法

（1）不可惊慌乱跑。

（2）可以躲在车、机床及较高大的设备下。

躲在较大设备旁

7. 在特殊车间的避震方法

（1）高温、高压车间。

1）立即关闭易燃、易爆阀门。

2）及时降低高温、高压管道的温度和压力。

3）关闭运转设备。

（2）高温锅炉房。

1）要避开炉门、铁水流淌的钢槽等。

2）高温、高压管路系统要采取降温、降压及关闸措施。

3）机械部分要停电关闭。

4）避开头顶重大机件。

（3）与化学物品有关的车间。

1）迅速将不同化学物质及易燃的物品隔离固定。

2）熄灭酒精灯、电炉等火源。

4）正在使用、生产有毒气体的车间，迅速关闭生产、存储有毒气体的阀门，防止泄漏。

（二）地震应急避险误区

误区	主要原因	正确方法
地震中的活命三角空间真的能救你的命吗	在寻找三角空间的过程中，人们往往会付出更大的代价。 ↗ 地震发生时地面会剧烈震动，我们无法保持镇定和身体平衡，很容易跌倒。 ↗ 地震时产生的晃动让人无法预知哪些地方是三角空间。 ↗ 周边的装饰物如天花板、碎玻璃掉落会对身体造成伤害	避险基本原则：伏地，遮挡，抓牢。 ↗ 一旦感觉到房子在摇晃，第一反应是伏地。 ↗ 找到身边的遮挡物如重心较低、结实牢固的桌子、床底。 ↗ 地震时，一些高层建筑物的楼板可能坍塌倾斜，人有滚出去的风险。因此要抓牢手边的固定物
在未准备好的情况下将人或伤肢从重物下解救	由于受重物长时间挤压，细胞内的钾离子等内容物会外流聚集。在未充分准备的情况下解救被压人或伤肢，会解除破碎细胞内的内容物压力，导致内容物很快流遍全身，造成全身的高钾血症等情况，危及生命	现场急救原则：延缓毒素向全身流动和吸收。 ↗ 除非现场环境危险，否则不要盲目解救被压人或伤肢，务必通知专业医务人员，做好相应准备后再进行解救。 ↗ 不要按摩、热敷伤肢。 ↗ 如伤肢大出血，应立即用止血带止血。 ↗ 伤肢尽量不要包扎，应暴露在干燥的空气中
随意搬抬疑似有脊椎骨折的伤员	脊椎损伤的伤员在现场没有得到正确的处理，就会造成二次损伤。因断了的脊椎骨就像刀一样锐利，断面容易把脊髓绞断，在脊髓伤害的平面以下造成截瘫	现场急救原则：谨慎处理，不能随意搬抬。 ↗ 除非现场环境危险，否则不要盲目解救伤者，务必通知专业医务人员，做好相应准备后再进行解救。 ↗ 应用硬质担架、制式脊柱板、门板等硬质物搬运伤者。不能用软担架、帆布担架、棉被搬运。 ↗ 搬运者应用手固定住伤员的头颈胸腰腹，水平搬抬伤员，轴向转动，不要弯折扭转伤员，防止二次损伤

四、做好防震计划

（1）合理安全地放置物品、清理杂物，遵循"重在下，轻在上"的原则。

（2）应做好危险品管理工作，妥善存放。

（3）熟悉厂房周围的地形和环境。

（4）定期开展地震应急演练活动。

（5）准备"防震包"并放在容易拿取的地方。

第四节　雷击

🎯 **重点**　掌握雷击的预警和防御方法。

ⓘ **难点**　了解雷电的形式及三大致命伤。

一、概述

雷电灾害已被联合国有关部门列为最严重的十种自然灾害之一。

雷电产生的高温、猛烈的冲击波和强烈的电磁辐射等物理效应，使其能在瞬间产生巨大的破坏作用。常常会造成人员伤亡，击毁建筑物、供配电系统、通信设备、引起森林火灾，造成计算机信息系统中断、仓储、炼油厂、油田等燃烧甚至爆炸。

据统计，被雷击的伤员有三分之二以上是在户外受到袭击，他们每三个人中有两个幸存，死者以在树下避雷雨的最多。

（一）雷击的三种形式

（1）直击雷是带电积云接近地面至一定程度时，与地面目标之间的强烈放电。

（2）雷电波入侵是指雷击发生时，雷电直接击中架空或埋地较浅的金属管道、线缆，强大的雷电流沿着这些管线侵入室内。

（3）雷电反击是指直击雷防护装置（如避雷针）在引导强大的雷电流流入大地时，在它的引下线、接地体以及与它们相连接的金属导体会产生非常高的电压，对周围与它们临近却没有与它们连接的金属物体、设备、线路、人体之间产生巨大的电位差，这个电位差会引起闪络。

（二）雷电三大致命伤

（1）伤害神经和心脏。血管痉挛、心脏骤停；伤害到大脑神经中枢会导致呼吸停止。

（2）烧伤。强大的电流通过时会造成电灼伤，肌肉内电性麻痹甚至烧焦。

（3）冲击造成内伤。遭雷击后可能表面无伤，但可能造成颅骨骨折和内脏损伤。

雷击

（三）雷雨大风预警信号

雷雨大风预警信号分别用黄色、橙色、红色中英文图标标识。

预警信号分级	含义	防御方法
雷雨大风 蓝 THUNDER GUST	6小时内可能受雷雨大风影响，平均风力可达到6级以上，或阵风7级以上并伴有雷电；或者已经受雷雨大风影响，平均风力已达到6~7级，或阵风7~8级并伴有雷电，且可能持续	↗ 做好防风、防雷电准备； ↗ 注意有关媒体报道的雷雨大风最新消息和有关防风通知，学生停留在安全地方； ↗ 把门窗、围板、棚架、临时搭建物等易被风吹动的搭建物固紧，人员应当尽快离开临时搭建物，妥善安置易受雷雨大风影响的室外物品
雷雨大风 黄 THUNDER GUST	6小时内可能受雷雨大风影响，平均风力可达8级以上，或阵风9级以上并伴有强雷电；或者已经受雷雨大风影响，平均风力达8~9级，或阵风9~10级并伴有强雷电，且可能持续	↗ 妥善保管易受雷击的贵重电器设备，断电后放到安全的地方； ↗ 危险地带和危房居民，以及船舶应到避风场所避风，千万不要在树下、电杆下、塔吊下避雨，出现雷电时应当关闭手机； ↗ 切断霓虹灯招牌及危险的室外电源； ↗ 停止露天集体活动，立即疏散人员； ↗ 高空、水上等户外作业人员停止作业，危险地带人员撤离； ↗ 其他同雷雨大风蓝色预警信号
雷雨大风 橙 THUNDER GUST	2小时内可能受雷雨大风影响，平均风力可达10级以上，或阵风11级以上，并伴有强雷电；或者已经受雷雨大风影响，平均风力为10~11级，或阵风11~12级并伴有强雷电，且可能持续	↗ 人员切勿外出，确保留在最安全的地方； ↗ 相关应急处置部门和抢险单位随时准备启动抢险应急方案； ↗ 加固港口设施，防止船只走锚和碰撞； ↗ 其他同雷雨大风黄色预警信号

续表

预警信号分级	含义	防御方法
雷雨大风 红 THUNDER GUST	2小时内可能受雷雨大风影响,平均风力可达12级以上并伴有强雷电；或者已经受雷雨大风影响,平均风力为12级以上并伴有强雷电,且可能持续	↗ 进入特别紧急防风状态； ↗ 相关应急处置部门和抢险单位随时准备启动抢险应急方案； ↗ 其他同雷雨大风橙色预警信号

注：图表内容引用2004年《突发气象灾害预警信号及防御指南》。

二、雷击的急救

雷电伤人时有发生。一般来说,皮肤油腻、身体潮湿、皮肤温度过高过低、精神压抑者,体内电阻较小,一旦被雷击,通过身体的电流量相对较大,更容易重伤毙命。被雷击中者通常会发生呼吸、心脏骤停,要立即做现场抢救。

（1）首先要注意安全。事发地有招雷因素,应转移到安全环境后,第一时间拨打120急救电话,同时对心脏骤停的伤员开展心肺复苏和AED除颤急救。急救坚持到救护人员到来。

（2）及时施救。有些人错误地认为,被雷击中者体内还有电而不敢去触摸,导致抢救时间被拖延。

（3）保暖还是冰敷要做好区别。一般情况下,对伤员保暖。而若有狂躁不安、痉挛抽搐等表现时,还要为其作头部冷敷。

（4）防止伤口感染。对局部灼伤的部位,在急救条件下,只需保持干燥或简单包扎。

（5）及时破灭被雷击者身上的火苗。雷击后,伤员的衣服如着火,马上让他躺下,使火焰不致烧及面部。或用厚外衣、毯子把伤者裹住以扑灭火焰。

（6）及时检查以发现迟发性伤害。雷电冲击波对人体的伤害是迟发性的。遭雷击后,被击者即使自我感觉没事,也须去医院检查,确认是否有内脏、骨骼损伤,及时发现迟发性伤害。

三、预防雷击的方法

（1）在空旷野外,人体的位置应尽量降低,两脚尽可能并排。

（2）驾车时,应保持在车内。不能骑马、骑自行车、骑摩托车和开敞篷车。

（3）在空旷的地方,马上蹲下,双手抱膝,胸口贴近膝盖,双腿尽可能并拢。最好不要打电话。

（4）在树木较多的地方，应立即离开高大的物体，不要在树下躲雨。

（5）附近有铁栏及其他金属物体时，应尽快离开。

（6）在江河、湖泊、泳池或水池中时，应尽快离开水面。

（7）尽量避开没有避雷设备的高大物体。

（8）拿去身上佩戴的金属饰品和发卡、项链、金属框眼镜等。

（9）在旷野不适合打伞。

（10）高压电线遭雷劈中，应远离避开。

（11）受到雷击伤害的人身上并不带电，可以安全地做急救处理。

雷击预防

四、注意事项

（1）在雷雨天气巡视室外高压设备时，应穿绝缘鞋，不得靠近避雷器和避雷针。

（2）雨天操作室外高压设备时，绝缘棒应有防雨罩，工作人员要穿绝缘靴。

第十章
电力急救中的心理危机干预

第一节 概述

> 🎯 **重点** 掌握三种类型心理危机产生原因及有关案例。
> ⓘ **难点** 了解心理危机的含义。

一、心理危机的含义

通俗地讲，心理危机就是当人们面临的困境超过了人们的应付能力时而产生的暂时心理失衡状态。电力企业发生严重事故时，伤员身体受到伤害的同时，心理自然也会出现不同程度的伤害。同时现场救护人员见证了惨烈的灾难场面，从视觉、听觉及触觉等引起强烈的心理刺激，一旦心理防线被突破，也会跟伤员一样，出现一些心理问题。若不能及时进行心理调节，会引发各类心理问题，如创伤后应激障碍（PTSD）、适应障碍、抑郁、焦虑等，甚至严重影响心理、社会功能和生活质量。

二、心理危机的三种类型

心理学家布拉姆将危机分为三种类型：境遇性危机、发展性危机和存在性危机。

心理危机产生原因及表现

类型名称	产生原因	典型案例
境遇性危机	遭遇台风、地震、泥石流、海啸、交通事故、空难、火灾、洪水等罕见事件或突发事件	新冠疫情具有不可预期、不可控、生命受到威胁等特点，对于身处疫区的人们来说，属于境遇性危机
发展性危机	在个人成长和发展过程中发生急剧转变或变化，如失业、退休、大学新生、新兵、毕业生等危机	中年失业

类型名称	产生原因	典型案例
存在性危机	伴随着人生重大问题，如责任、独立性、人生意义、自由和承诺等而出现的内部冲突和焦虑	40岁时觉得一事无成；60岁时觉得人生虚度

三、心理危机的特点及发展过程

1. 心理危机的特征

（1）通常为自限性，多在1～6周内消失。

（2）在危机期，个人会发出需要帮助的信号，并更愿意接受外部的帮助或干预。

（3）预后取决于个人的素质、适应能力和主动作用，以及他人的帮助或干预。

2. 心理危机的发展过程

（1）冲击期，发生在危机事件发生后不久或当时，感到震惊、恐慌、不知所措。

（2）防御期，表现为想恢复心理上的平衡，控制焦虑和紊乱的情绪，恢复受到损害的认识功能，然而不知如何做，会出现否认、合理化等。

（3）解决期，积极采取各种方法接受现实，寻求各种资源，设法解决问题，焦虑减轻、自信增加、社会功能恢复。

（4）成长期，伤员经历危机后变得更成熟，获得应对危机的技巧。但也有人因消极应对而出现种种心理不健康的行为。

四、创伤后应激障碍表现与预后

"应激"可以简单地描述为"心理的巨大混乱"。通常出现在人们遇到某种意外危险或面临某种突发事件时，此时人的身心都处于高度的紧张状态。

创伤后应激障碍是指经历过异乎寻常的威胁性事件（如新冠疫情）或灾难性应激事件（如地震、车祸）的人员包括救护人员都可能出现的一系列心理问题，如情绪、睡眠或思维的问题，其中睡眠障碍是创伤后应激障碍典型表现。创伤后应激障碍的表现包括：闪回、回避、过度觉醒和生理症状。

（1）闪回：不由自主地、反复回想灾难当时的记忆和重复的梦境，影响正常生活，带来极大的痛苦。

（2）回避：逃避回忆和讨论与创伤有关的话题，情绪麻木，甚至完全与他人隔离。

（3）过度觉醒：睡眠困难、注意力不集中、心绪不宁、易怒。在没有任何危险的情况下保持高度警惕。

（4）生理症状：睡眠障碍、肠胃功能紊乱、呼吸困难、心悸心慌、疲劳、各种疼痛等。

10%的普通人在灾难后会有创伤性应激障碍。创伤性应激障碍具有自愈性，一般情况下1~3个月能恢复正常。但也有可能变为慢性，可能超过3个月或者半年以上，甚至会伴随终生。如是慢性应激障碍应到医疗机构接受系统专业治疗，60%~70%的伤员经过专业治疗能收获良好效果。

第二节　心理危机干预

> 🔔 **重点**　掌握心理危机干预的对象及其特点。
> ⓘ **难点**　了解心理危机干预的目的与原则。

当人因突然遭受严重灾难、重大生活事件或精神压力而处于心理危机状态时，应及时给予其适当的心理援助，使之尽快摆脱困难。

一、干预目的

心理危机干预是帮助处于危机中的个体、家庭、群体度过危机、减少创伤的有效措施，也是人道关怀的具体体现，符合我国社会转型的内在要求，也符合我国构建和谐社会的时代要求。灾后心理干预具有很强的专业性，实施过程须遵循整体性、针对性、系统性、科学性等原则，以达到以下目标。

（1）稳定情绪。尽力阻止悲伤情况进一步扩大和蔓延。

（2）缓解急性应急症状，主要针对在灾后出现应急问题的个人或群体进行心理方面支持与治疗。

（3）帮助个体重建各项心理和社会功能及恢复对生活的适应。这是灾后心理干预的最终目标。

二、应激反应的三个阶段及心理危机干预的最佳时间

（一）应激反应的三个阶段

心理应激反应有三个阶段，分别是警觉期、抵抗期、衰竭期。

心理应激反应阶段及表现

心理应激反应阶段	积极的心理反应	消极的心理反应
警觉期	面对警报、险情和命令，警觉期正常的反应是提高警惕、神情专注、动员潜能、蓄势待发	↗ 如受助者反应迟缓、动员不足、粗心大意、麻痹轻敌，进不了警觉期，就会被击垮，从而犯错。 ↗ 如对危险过分在意，过分紧张，会影响完成任务。过度焦虑的人或震惊之下呆若木鸡，或慌张之下乱了心神
抵抗期	进入抵抗期的正常反应是可高效、有目的地执行任务，忙而不乱，能灵活选择和安排优先事项，从容不迫地处理险情和问题	如未正常进入抵抗期，则会产生忙乱或乱忙，判断草率或犹豫不决，分不清轻重缓急，思想矛盾，情绪不稳，操作无力且不精确，不能与别人进行简明扼要的沟通，不知自我保护
衰竭期	得到充分休养，或顺利完成任务的人不会进入真正的衰竭期。积极的动机与情感可预防衰竭，加速恢复的过程	↗ 感觉任务艰巨，胜利遥遥无期，没法完成任务。屡经挫折，负性的动机与情感，可能会使受助者过早、过强、过长时间地处于衰竭状态的折磨。 ↗ 一旦进入衰竭期，轻者会有虚弱、疲惫、淡漠、抑郁等身心不适，重者可导致严重而持久的躯体和精神障碍

（二）心理危机干预的最佳时间

发生创伤事件后，心理危机干预队伍必须尽快进行心理危机干预。

（1）遭遇创伤事件后的24小时内一般不进行危机干预。

（2）创伤事件后的24~72小时是危机干预最佳时间。

（3）若是在72小时后才进行危机干预，效果有所下降。干预时间越往后，干预作用明显降低。

三、心理危机干预对象及特点

在突发灾难后，大量的受灾人群因性别、受灾程度、灾害经历、知识能力、个人应对能力等因素的不同，受灾人群所承受的心理创伤程度是不同的。心理危机干预对象应根据事件类型和人员受害程度多层次有序进行。

心理危机干预对象及特点

干预人群的分类	具体对象	特点
一级受害者	灾难事件的直接受害者，或死难者家属	对灾难的感触最深，受影响最大，心理应激最强烈

续表

干预人群的分类	具体对象	特点
二级受害者	现场目击者或幸存者	可能承受着悲哀与内疚的反应
三级受害者	参与营救与救护的人员，主要包括救援人员、心理卫生人员、应急服务人员、志愿者，以及遇难者的同事、朋友等	因需要较长时间面对幸存者或罹难者，救护人员承受着巨大的心理压力，因此救护人员也是受助者
四级受害者	灾难事件区域的其他人员，如居民、记者、官员等	目前，国内的危机干预主要涉及前三级，因人力、物力和资源的限制，后三级涉及相对少
五级受害者	通过媒体间接了解灾难事件的人群，尤其是老人、儿童等易感人群	
六级受害者	不同人群的混合	

第三节　开展救护中的心理危机干预

重点　掌握心理危机干预的方法。

难点　了解心理危机干预七步骤。

一、心理干预原则

组织灾后救援，进行适度高效的心理干预极为关键。开展有效心理干预应遵循以下原则。

（1）以促进社会稳定为前提。根据整体救灾工作计划，及时调整心理危机干预方案，积极维护社会稳定。

（2）心理危机干预活动不应突然中断。干预活动一旦开始，应采取保障措施让干预活动能完整开展，避免受助者再次创伤。

（3）实施个性干预措施。根据受助者实际情况，制定个性干预措施，分类推进。严格保护受助者个人隐私。

（4）心理干预不是万能钥匙。以科学的态度理解心理干预的作用，它不是万能钥匙，是医疗救护工作一环节。医疗救护是综合救助过程。

二、干预的基本方法

心理危机干预是一短期帮助过程，是对处于困境或遭遇挫折的人予以关怀和帮助的一种方法。一般可使用支持心理疗法和认知行为疗法，辅以沙盘游戏等手段。

（一）支持心理治疗方法

（1）共情技术。即运用同理心，设身处地为受助者着想。

（2）倾听和支持。通过主动倾听并热情关注，努力体验和了解受助者的思想和感受，给予其心理上支持；并解释危机的发展过程，使其理解目前的境遇、理解他人的情感，树立自信。

（3）调动和发挥社会支持系统的作用。鼓励受助者多与家人、亲友、同事接触和联系，减少孤独和隔离。

（二）认知行为疗法

可使用ABC模式。A为诱发事件，B为信念系统，C为情绪后果。通过认知行为疗法，改变伤员回避现实的错误行为方式，调整其对事件形成的错误的、歪曲的认识，使受助者克服自我否定与非理性，提高内省力和适用能力，并配合松弛训练。

（三）转介

当受助者情绪激动，救护人员不能妥善处理时，应尽快将受助者转介给专业心理咨询师或心理医生，以寻求其他有效的帮助。

（四）关键事件应激报告法

该方法是危机干预的一个基本方法，用来干预遭受各种创伤的个人，防止或降低创伤性事件症状的激烈度和持久度，并迅速使个体恢复常态。该方法共分为七个步骤。

第一步：介绍期。相互自我介绍，干预者说明关键事件应激报告法规则，强调保密性，并获得受助者的信任。

第二步：事实期。要求受助人从自身的角度出发，提供危机发生的具体事实。

第三步：感受期。鼓励受助者表露自己有关事件最初的和最痛苦的想法和感受，从事实转到思想，将事件人格化，表露情绪。

第四步：反应期。这是受助人情绪反应最强烈的阶段。干预者应表现出更多的关心和理解，并鼓励他们就危机事件中最为痛苦的经历表达各自的情感。

第五步：症状期。要求受助者从心理、生理、认知、情感和行为等方面来描述危机事件的痛苦状态，并对事件产生更为深刻的认识。

第六步：教育期。要求受助者认识到，在严重压力之下，出现相应的生理、心理和行为的应激反应是正常的，同时讨论积极的适应和应对方式。另提醒可能的并存问题（如过度饮酒），并为他们提供一些如何促进更为健康的知识和技能。

第七步：总结与完善。

（五）稳定化技术

通过想象练习帮助受助人在内心世界中构建一个安全的地方，适当远离令人痛苦的情景，并激发内在的生命力，促进对未来生活的希望。此技术主要用于危机干预的初始阶段。

稳定化技术包括三项内容：一是将负性情绪、负性画面隔开，如屏幕技术、保险箱技术等；二是创造好的客体、建立积极的内部形象，如内在帮助者、安全岛等；三是自我抚慰，如放松练习、抚育内在儿童等。

1. 放松技术

在进行稳定化技术训练前，应先进行放松训练。对情绪不稳定的受助者，放松时间要短一些，有时甚至可睁开眼来做。

可参考以下具体的引导词。

（1）"现在，请按你觉得舒服的方式放松自己的身体……"

（2）"把你的注意力放到呼吸上来，它平静、均匀、一呼一吸，身体也随之慢慢在动……"

2. 安全岛技术

技术关键就是强化想象中的体验，而不是想象的画面。当受助人描述其内心的活动过程中，救护人员应伴随其左右，通过多次提问而使其想象中的画面更加清晰起来。

可参考以下具体的引导词。

（1）"别着急，慢慢考虑，找一找这么个神奇、安全、惬意的地方，直到这个安全岛慢慢在自己的内心清晰、明确起来……"

（2）"或许你看见某个画面，或许你感觉到了什么，或许你首先只是在想着这么一个地方……"

3. 遥控器技术

此技术常和保险箱技术一起使用。在受助者内心构建一个遥控器，让其有着对危机事件后可能经常闪回的"图像"最佳掌控的能力。

可参考以下具体的引导词。

（1）"现在请你再把它拿在手上，感受一下，看看你对它是不是满意，或者你还想做一些调整？如果想调整的话，就再花一点时间……"

（2）"如你已比较满意了，就可以欣赏一下你自己设计的遥控器……"

4. 保险箱技术

可视为是想象练习的"第一堂课"。要求受助者将创伤性材料锁进一个内心构建的保险箱，他保管保险箱钥匙。自己决定，是否愿意或何时想打开保险箱。

可参考以下具体的引导词。

（1）"这个保险箱分了格，还是没分格？"

（2）"仔细关注保险箱：箱门好不好打开？"

5. 内在智者技术

帮助受助者在内心构建出一个积极、有力量的智者，智者可陪伴感觉不错的你或者帮助你解决现有的问题。

可参考以下具体的引导词。

（1）"如你已经得到一些答案，请你对这种友好的帮助表示感谢。"

（2）"你可设想，经常请内在智者来到自己身边，你也可以请求他，经常陪伴在你身边。"

第十一章
电力行业应急救护综合保障

第一节　急救箱配置

🔔 **重点**　掌握简易急救箱配置物品。

ⓘ **难点**　掌握简易急救箱物品配置方法。

简易急救箱配置（推荐）

序号	配套清单	规格	数量
1	简易人工呼吸器	硅胶，成人	1
2	人工呼吸面膜	30厘米×20厘米	4
3	卡扣式止血带	2.5厘米×45厘米	4
4	纱布片2片/袋	7.5厘米×7.5厘米	20
5	PBT绷带	5厘米×450厘米	5
6	弹力绷带	7.5厘米×450厘米	3
7	三角绷带	96厘米×96厘米×135厘米	4
8	头部弹力网状绷带	L	3
9	烧伤敷料	40厘米×60厘米	2
10	吸血垫	10厘米×10厘米	3
11	伤口敷贴	6厘米×10厘米	5
12	创可贴	20张/盒	1
13	棉签	7.5厘米	50
14	安全别针	2号	20
15	透气胶带	1.25厘米×910厘米	3
16	卷式夹板	11厘米×90厘米	1

续表

序号	配套清单	规格	数量
17	四合一颈托	L	1
18	纱布剪	15厘米	1
19	镊子	11厘米	2
20	电子血压计	只	1
21	苯扎溴胺片	100片/瓶	1
22	聚维酮碘片	100片/瓶	1
23	清洁湿巾	10厘米×15厘米	10
24	检查手套	L	5
25	体温计	支	2
26	急救毯	1.3米×2.1米	2
27	速冷袋	133克	4
28	防水手电筒	只	1
29	求生哨	只	1
30	防水牛津包	55厘米×22厘米×30厘米	1

注：根据中华人民共和国电力行业标准《电力行业紧急救护技术规范》（DL/T 692—2018）推荐。

第二节　舆情处置

> 重点　掌握电力企业舆情管理处置工作建议。
>
> 难点　了解电力企业舆情处置基本内容。

一、舆情处置基本内容

现代社会，任何企业和单位的工作都离不开互联网，网络已融入人们生活中的各个角落。《中国互联网发展报告2018》数据显示，2017年网民规模达7.72亿，普及率为55.8%；手机网民规模达7.53亿，手机已成为最主要的移动上网设备。2017年中国网民的人均周上网时长为27小时。基于如此庞大的网民数量，以及信息传播的便捷性和网民观点意见的交互性使网络舆情发酵更为容易，影响更为深远。所以，积极的网络舆情处置成为政府、企业和个人不可避免的选择。

舆情处置是指对于网络事件引发的舆论危机，通过利用一些舆情监测手段，分析舆情发展态势，加强与网络的沟通，以面对面的方式和媒体的语言风格，确保新闻和信息的权威性和一致性，最大限度地压缩小道消息、虚假信息，变被动为主动，先入为主，确保更准、更快、更好地引导舆情的一种危机处理方法。

（一）企业处理舆情危机的原则

（1）讲述实情原则。这是一种坦诚对待问题的表现，也是制止谣言恢复事情本来真相的根本途径，也是为企业能够赢得公众信任与好感的首要原则。

（2）讲求速度原则。在危机发生的第一时间，企业的危机处理机制就开始运行。

（3）多方合作原则。企业以往相对独立的部门都要为此次危机提供技术、数据、市场、人员支持，也包含与企业外部环境的合作，比如经销商和投资人。

（4）依靠权威原则。需要专业、中立、客观的机构为企业提供真相护航，这既能帮助企业进行危机检测，也能起到危机处理的作用。

（5）科学处理原则。遵循科学的危机处理方式，遵循一定的程序，这样才不会忙中出错，越做越错。

（二）舆情危机发展阶段

1. 舆情危机爆发期

（1）危机爆发后，企业要组织危机处理人员对危机进行评估，初步了解危机爆发的原因，并在企业内部统一口径，要承认自己的错误，及时与政府相关部门、企业外部合作者如投资商、经销商等联系，说明情况以获得谅解。

（2）要以最短时间进行媒体疏通，公布联系方式，在网络上与公众进行交流，抓住负面信息的信息源。

2. 舆情危机处理期

（1）保持高度警惕，防止危机进一步扩大，对危机原因有进一步的了解，危机各方要拿出解决方案，及时通报危机处理情况。

（2）对受危机影响的公众要及时联系，拿出赔偿方案，对合作商要有风险共担的责任感，要接受政府检查，并尽快公布检查结果。

（3）用专业、科学的方式解决企业危机的具体情况，承认自己应承担的错误，得到公众的理解，将危机处理行为及时向媒体通报。

3. 舆情危机痊愈期

（1）总结危机处理的经验和教训，并对危机处理各部分进行奖惩，与政府部门讨论危机情况，建立定期检查机制。

（2）对危机中的外部主体进行评价，决定合作深度，净化外部环境。

（3）通过媒体的各种形式公布危机的处理结果，避免企业一直处于危机阴影中，作为一次负面影响的正面报道。

二、电力企业舆情分析

电力企业业务领域、经营范围广泛，覆盖到整个终端用户市场，关系到国计民生，与多重利益主体存在关联。当今是信息爆炸时代，报刊、电台、电视、互联网、手机等已经成为信息传播的重要途径。新媒体塑造了全新的信息传播环境，改变了原有舆论引导的格局和本质性需求，偏离事实真相、激发群众反对政府、破坏政府公信力的观点容易被大肆传播，给不明真相的群众带来严重误导。在这样的新媒体网络环境时代，原来的局部事件扩大化、极化、扭曲化，事件的影响往往从局部扩大到全局，对电力企业整体形象和品牌带来严重影响。如何构建新媒体环境下的有效舆情管理机制，树立电力企业对外良好形象，是现阶段需要研究和解决的问题。

目前，垄断、薪酬福利、电价、社会责任等是电力企业舆情的重要内容。电力企业舆情呈现以下特征：一是电力企业属于"敏感体"，容易成为攻击焦点；二是正面新闻被较少关注，负面新闻跟风严重；三是电力企业与公众缺乏相互沟通和理解，容易造成误解。

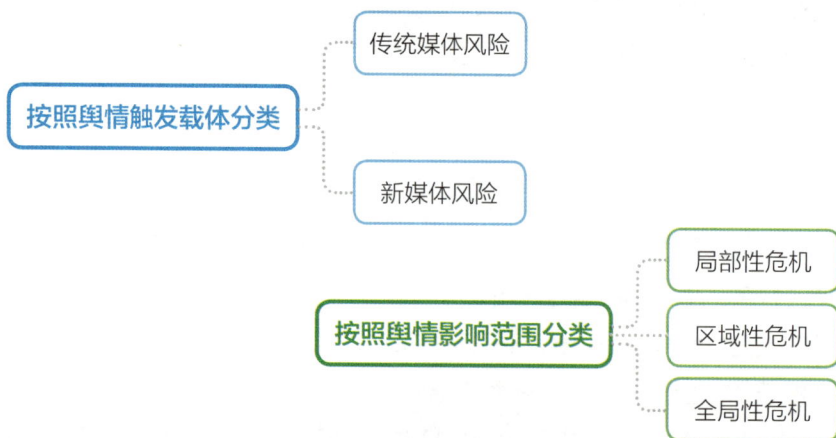

电力企业舆情分类（一）

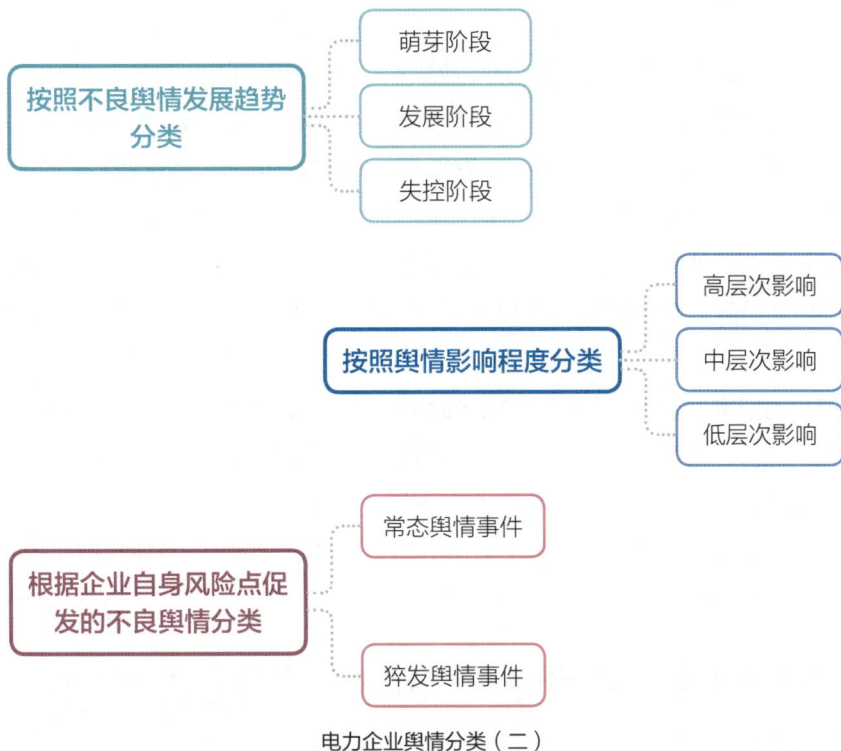

电力企业舆情分类（二）

三、电力企业舆情管理处置工作建议

应对如今复杂的舆论环境，电力企业要健全舆情风险管理的机制，完善危机公关组织。舆情危机处理既要处理企业与利益相关者的关系，也要在危机处理各阶段能够按部就班做好内部和外部公关，并选择合适的舆情引导方式。

（一）切实提高对涉电舆情的认识

重视互联网。舆情不是"敌情"，网络舆论是反映民意的"晴雨表"。电力企业要把关注网络舆情当作一种工作常态来坚持，把引导网络舆情作为一种能力来锻炼，主动掌握网络技术充分利用网络资源，切实把互联网建设好、利用好、管理好。

（二）建立健全应对涉电舆情的管理机制

（1）建立涉电舆情的监控预警机制。安排专人对各类报刊媒体、网络媒体及有关网站、博客、论坛等进行实时监控，及时搜集是否有针对本单位的涉电舆情，准确分析判断涉电舆情的焦点和热点问题，向领导及时提出应对措施和防范决策参考。

（2）制定涉电舆情处置预案。针对不同涉电舆情的特点，从组织领导、人员安排、职责分工、物资保证、处理程序和方法、应达到的目的等方面进行详细、周密安排。

（3）建立涉电舆情快速应对机制。对出现涉电舆情，事发电力企业的舆情领导小组应第一时间内启动工作，组织人员认真核查舆情反映的问题，对查证不实的虚假舆情及时澄清事实；对查证属实的重大涉电舆情，主动及时表明态度，发布有关舆情处理情况，敢于承担有关过错和责任，从正面实施舆论引导，消除公众的质疑，逐步化解舆情危机。对内部舆情，要做好疏导解释工作，消除领导与干部、干部与员工之间的误解。

（4）建立有关资料证据的搜集制度。电力企业在生产经营管理过程中，要加强对有关涉电资料的搜集，涉事人员应注重对当时事件发生全过程的录音、录像等视频资料及有关证人、证言、证物等证据地搜集。当涉电舆情出现时，电力企业应第一时间公布真实情况，影响受众对事件的认知，帮助自己占据主动地位。

（5）建立信访接待制度。安排专人负责接待群众来信、来访，及时解答群众的利益诉求，把一些涉电舆情危机化解在萌芽状态。

（三）积极推进政务公开和注重媒体的引导作用

在网络舆情中善于"抢旗帜"。尽量在第一时间发布新闻，赢得话语权；先入为主，掌握主导权。真实透明的信息、开放式的报道、人本化的沟通，可有效控制社会恐慌、促进网络民间力量与政府力量良性互动、产生积极效应。

（四）规范管理行为，提升服务效能

自我剖析，寻找差距。电力企业要加强自身建设，切实增强"公仆、风险、法制、监督、人本"五种意识，提升服务效能，维护公众的合法权益，从根本上减少涉电舆情的发生。

第三节　综合保障基础

🔔 **重点**　了解物资保障的基础。
ⓘ **难点**　了解制度保障的要求。

应急救护综合保障能力主要是指电力企业在制度、物资、资金等方面，保障应急工作顺利开展的能力。

一、制度保障

我国已经在应急管理领域制定大量法律法规，其中既有规定基本原则和制度的《中华人民共和国突发事件应对法》，也有一事一规定的各类单行发，如《突发公共卫生事件应急条例》《核电厂核事故应急管理条例》等。

《突发事件应对法》着眼于提高政府应对突发事件的法律能力，使政府能在法律框架下处置突发事件；明确在应急管理阶段，政府可以采取什么应急措施和依照什么规则采取这些措施；保证政府运用各种应急社会资源的行为，具有更高的透明度，更大的确定性和更强的可预见性。

同时《中华人民共和国安全生产法》第七十六条规定：国家加强生产安全事故应急能力建设，在重点行业、领域建立应急救援基地和应急救援队伍，鼓励生产经营单位和其他社会力量建立应急救援队伍，配备相应的应急救援装备和物资，提高应急救援的专业化水平。

因此电力企业为了提高防范和应对突发事件的能力，预防和减少突发事件的发生，控制、减轻突发事件引起的严重社会危害，必须加强应急救护工作管理。

二、物资保障

《安全生产法》第76条规定"鼓励生产经营单位和其他社会力量应建立应急救援队伍，配置相应的应急救援装备和物资"。配备必要的应急救援物资、设备，是开展应急救援不可缺少的组成部分，既能保障救援队伍的安全，同时提高救援与救护效率和质量。我国自然灾害和突发事故频发，不同行业面对的突发事件各有不同，企业应根据行业特点和应急要求，配置具实用性、针对性强的物资，以实现高效救援与救护。

应急物资，包括应急救援物资、应急救护物资、基本存生物资和灾后重建供需物资。

应急救护物资是指用于伤病员现场救助所需的简易急救物品，一般存放在急救箱中，具体配置见本书第十一章第一节。

利用电力企业现有资源，在自然灾害多发地区设置省级电力应急物资储备库，通过大数据进行统计分析，统筹调配，满足跨省、跨区域应急处置需求。完善电力企业应急物资储备体系，推进建立联储联备、产储联合等物资保障机制，实现应急物资共享和动态管理。电力企业应急领导小组是本单位应急救护物资协调、调用领导和管理机构，日常工作有企业具体专业部门负责。应急救护物资应建立有台账，物资消耗后，应及时进行补充。物资的需求按储备定额与实际储备量的差额确定。同时需定期检查物质使用状态，如出现损坏应及时更换，确保物资能随时取用。

三、资金保障

当意外事故发生，坚持"坚守底线、突出重点、完善制度、精准实施，讲求实效、特事特办"，全力做好资金保障的原则，严格按照应急预案做好资金筹措、预算调整、费用报销等工作，确保应急救护工作有序开展。

为保障应急救护工作有序、高效的开展，确保事故发生后可立即启动财务应急预案，各部门应建立常态联络和沟通机制，并形成联络通讯录，下发到各成员。

参考文献

[1] 中国红十字会总会. 救护师资教程（一）救护概论与教学法[M]. 北京：人民卫生出版社，2015.

[2] 中国红十字会总会. 救护师资教程（二）心肺复苏与创伤救护[M]. 北京：人民卫生出版社，2015.

[3] 中国红十字会总会. 救护师资教程（三）常见急症与避险逃生[M]. 北京：人民卫生出版社，2015.

[4] 美国心脏协会. 拯救心脏 急救 心肺复苏 自动体外除颤仪学员手册[M]. 杭州：浙江大学出版社，2017.

[5] 美国心脏协会. 基础生命支持实施人员手册[M]. 浙江：浙江大学出版社，2016.

[6] 广州市健安应急救护培训中心. 电力行业现场急救技能培训手册[M]. 北京：中国电力出版社，2014.

[7] Raymond E. Swienton, Italo Subbarao. 灾难急救基础生命支持课程[M]. 潘曙明，唐红梅，译. 上海：上海科学技术出版社，2016.

[8] Richard B. Schwartz. 灾难急救高级生命支持课程[M]. 潘曙明，唐红梅，译. 上海：上海科学技术出版社，2017.

[9] 本书编写组. 员工消防安全知识普及读本[M]. 北京：人民日报出版社，2018.

[10] 张卢妍. 火灾预防与救助[M]. 北京：化学工业出版社，2018.

[11] 李建华. 事故现场应急施救[M]. 北京：化学工业出版社，2018.

[12] 本书编写组. 新编应急避险一本通[M]. 北京：中国工人出版社，2015.

[13] 岳茂兴. 灾害事故现场急救[M]. 北京：化学工业出版社，2013.

[14] 胡维勤. 食物中毒防治一本通[M]. 广州：广东科技出版社，2017.

[15] 闵华. 电力作业应急救护实用手册[M]. 北京：中国电力出版社，2017.

[16] 国网浙江省电力公司培训中心. 电网企业应急救援技术[M]. 北京：中国电力出版社，2016.

[17] 国网浙江省电力公司培训中心. 电网企业应急管理基础知识[M]. 北京：中国电力出版社，2017.

[18] Wonmongo Lacina Soroa,Yiwei Zhou, Didier Wayoro. Crash rates analysis in China using a spatial panel model [J] .IATSS Research 41(2017) 123–128.

[19] 中华人民共和国电力行业标准DL/T 692—2018 电力行业紧急救护技术规范[S]. 北京：中国电力出版社，2018.

[20] 香港圣约翰机构. 院前创伤生命救援术[M]. 香港：香港圣约翰机构，2008.

[21] 美国心脏协会. 2020年美国心脏协会心肺复苏及心血管急救指南[J]. 循环，2020,10.

[22] 国际复苏联络委员会. 2020年国际心肺复苏及心血管急救指南及治疗建议[J]. 复苏，2020,10.